前沿零距离
Walking at Frontiers

趣谈
创意实现的
3D打印

Build Your
Imagination Up with
3D Printing

●李维　邹慧君　著

高等教育出版社·北京

U0351864

内容简介

　　3D 打印是一种增材制造技术，它以极薄材料的层层堆叠来制造物品。这种快速成型工艺能够突破传统制造模式的局限，在短时间内生成形状复杂的构件，因此在航空航天、机械制造、建筑工程、个性化创意探究等领域受到人们的广泛关注。

　　本书作者以其多年从事计算机辅助设计的教学经验，通过简单实例和通俗讲解，面向普通读者细述实现 3D 打印的完整过程和操作规则。本书的重点是揭示"创意"、"设计"、"制造"三者的关联。书中以 3D 打印为背景，具体展示了在催生新产品的过程中，创意—设计—制造是如何环环相扣、紧密联系的。

　　本书第一章分析"创意"从何而来，以及"创意"在设计制造中所起的作用，指出产品开发成功与否的关键是"创意设计"；第二章的核心内容是"生成"数字模型，讲述了如何通过计算机辅助设计，将创意转化为 3D 打印所需的三维几何模型；第三章的叙述重点是"使用"数字模型，通过使用计算机切片软件，将模型整体分割成许多薄片，进而形成 3D 打印头涂敷薄片实体的移动轨迹，最终获得驱动 3D 打印机的指令文件；第四章讲述了如何用 AutoCAD 软件进行计算机三维几何建模，只有领会了基础概念，才能顺利地进行操作；第五章给出三个绘图建模制造实例（铝合金型材截面、渐开线齿轮实体、笔筒手机架），它们可以用来加深对第四章内容的理解；第六章列举了 3D 打印原理、3D 打印机构造、切片软件操作等诸多细节。

　　作者在附录部分介绍了常用的十余种三维建模软件、AutoCAD 软件的相关功能以及如何在 Autodesk 官网和 AutoCAD 帮助文档中检索到自己需要的内容。附录部分的内容比较琐碎，建议读者在完整地学习了正文，建立了初步概念以后再适当涉及。

　　本书是一本面向大众的科普读物，读者无需完整的专业基础知识，但涉及若干重要概念，比较适合青少年以及所有对创意设计、3D 打印感兴趣的人士翻阅、学习和参考。

序一

先进制造技术是建立强大国防、发展现代科学技术、成就先进工业体系的重要基础。培养强大的、现代化的先进制造技术队伍是我们刻不容缓的任务。为了使先进制造业后继有人，使大国工匠不断涌现，我们需要引导和培养青少年对先进制造技术有所兴趣、有所了解、有所追求和有所继承。由李维和邹慧君老师撰写的《趣谈创意实现的 3D 打印》是一本很有特色、十分有趣的科普读物，值得推荐。

3D 打印技术是先进制造技术十分重要的分支，在两三年前就得到广泛宣传和实际应用。当前，关于 3D 打印方面的书籍已出版了不下几十种，但本书的风格和内容与众不同。本书以 3D 打印技术为主线，详细而深入浅出地阐述了现代化的产品如何通过新颖的创新思维、先进的设计理念和现代的制造技术，借助 3D 打印方法造就出满足千变万化市场需求、结构新颖、功能灵巧的优秀产品。

本书的编排方式和取材内容较为别致，引人入胜，使读者能够体会到产品创新的灵魂是创意，创意的实现靠设计，设计引领制造，制造成就设计，从而将创意—设计—制造融为一体，最终形成完美的新产品。

本书作者经过了几年的反复斟酌和打磨，使本书体现出如下主旨和特色：

（1）好的科普书不仅仅传授一种知识，更重要的是用心培养青少年读者的创新精神和动手能力。书中提出了"心灵能使手巧，手巧也可使心灵"的思想，把心灵和手巧的关系说活了、说透了。

（2）将创意—设计—制造三者融为一体，能够使读者全面理解新产品是如何造就出来的，这是心血的结晶，也是创新的光芒。

（3）将计算机辅助创新设计方法与 3D 打印制造技术融为一体，把设计理论和方法讲活了，把 3D 打印制造技术讲透了，使读者能够产生"心有灵犀一点通"的感觉。

书中以许多实例来引导读者自己动手，用 3D 打印技术"造就"有趣生动的新产品，希望在这种动手和用脑过的程中，能不知不觉地锤炼出一支新颖的、富有朝气的大国工匠队伍！

希望本书在推广中能够日益完。祝青少年朋友和广大读者在学习 3D 打印技术的过程中增长才干，开拓创新意识！

西安交通大学教授、中国工程院院士

2019 年 4 月

序二

　　先进制造技术是发展国民经济、巩固国防、建设现代工业体系的重要基础。培养阵容强大的先进制造工程队伍是刻不容缓的重大任务。为了使先进制造业后继有人，让拥有先进设计制造理念的能工巧匠不断涌现，应该引导广大的青少年对先进制造技术有兴趣、有了解、有追求。

　　3D打印是近年来得到普及的一种先进制造技术。由李维和邹慧君两位老师合著的《趣谈创意实现的3D打印》一书整理出若干个环节，包括：构思、建模、数据处理和加工，可以使初学者了解创意、设计和制造的关系，学会用3D打印手段表达自己的想法。为此，我很乐意向大家推荐！

　　好的科普著作不仅仅传授一种知识，更重要的是用心培养青少年的创新精神和动手能力。书中提到的"心灵手巧"，把"动脑"和"动手"的关系说透讲活了。从这个角度出发审视3D打印，就超越了一般的设计制造理念，将其提升到"实现创意"的高度，这是一种应该重视的新见解。

　　本书的叙述重点是"设计"。使读者体会到产品的灵魂是创意，创意的实现依靠设计；设计引领制造，制造成就设计。创意—设计—制造这三个环节前后联系，一脉相承，最终孕育出受市场欢迎的完美产品。通过阅读本书，可以帮助青少年和所有对 3D 打印有兴趣的读者对 3D 打印过程有细致的了解，掌握必要的建模操作方法。在客观条件具备的前提下，自己动手，用快速成型方式创造出生动有趣的物件样品。

为了增加可读性，本书将三维几何建模中的难点分散排列。先以"数字模型"为线索，在第二章和第三章中梳理出 3D 打印的"脉络"，接着在第四章给出便于入门的简单实例，在第五章继续剖析综合性实例，最后在附录中列举建模软件的操作细节。这样的编排便于读者的阅读和理解。

我们对 3D 打印还应有更深入的了解。在概念设计阶段，要设法用 3D 打印帮助设计者优化自己的想法。在详细设计阶段，要学会用 3D 打印的结果验证和评估设计方案。还要探讨如何用 3D 打印技术实现制造企业的数字化转型。这些方面的内容书中尚未提及，需要读者从其他途径了解。

明新国

上海交通大学教授、博士生导师

2018 年 12 月

前言

　　"3D 打印"是目前大家经常听到的一个热门话题，以 3D 打印机为代表的增材制造（additive manufacturing）被确认为现代制造技术的一个重要组成部分。什么是 3D 打印？我们为什么要了解 3D 打印？我们应该怎样学习 3D 打印技术？在培养中小学生科学素养方面，3D 打印技术能够起什么作用？这些都是需要各位读者不断思索和解答的重要问题。

　　与其他大规模生产的自动设备相比较，3D 打印机的生产效率低，制造成本高。既然如此，为什么大家还这么重视它？最主要的原因是 3D 打印能够实现"个性化制造"。我们只要变动输入到控制程序中的"数据"，就能够得到不同的加工成果。因为很容易用计算机建模软件创建和修改图形数据，所以我们可以及时获得体现自己创意的"物件"（图 1）。

图 1　通过 3D 打印，将"创意"变为"现实"（参见书后彩图）

有了计算机建模软件，有了 3D 打印机和配套的切片软件，我们可以在教室内，甚至在家庭中源源不断地生产出"属于自己的产品"，体验从事创造的乐趣。通过设计和制造的实践过程，人们会在不知不觉中变成设计师。在激发和表现人的创意方面，3D 打印技术所起的作用不可低估。

在使用 3D 打印技术的过程中，"创意"最为重要，你一定要有"与众不同"的想法，只有这样，3D 打印技术的优越性才能充分体现。在本书第一章，上海交通大学博士生导师邹慧君教授从人类物质文明发展的高度，阐述设计制造的重要性，剖析萌发创意的条件，回忆"心灵手巧"与"手巧心灵"之间的密切关联，强调发扬工匠精神的必要性，这些是全书重点。

在我们每个人的头脑中，经常会产生各种各样的"想法"。如果有价值的想法能够用文字记录下来，用图线描绘出来，用数据储存起来，就形成了一个"设计方案"。使用现代制造技术，设计方案中的"数据"可以转换成控制自动机床的"指令"，最终制造出"实物成品"。

所谓"设计"，就是用图纸表现自己的想法，用数值表示设计对象的形状和尺度。在使用计算机进行设计的过程中，就是用建模软件（本书使用 AutoCAD 软件）生成代表几何形体的数字模型。我们运用计算机建模软件的平面绘图功能绘出设计对象的框架，然后调用软件的实心体生成和修改功能，建立笔筒－手机架模型（图 2）。建立几何模型的工作需要分解：第一步生成底座（图 3 右），第二步生成笔筒（图 3 中），第三步生成尾架（图 3 左），最后合并这三个部分，并添加其他结构细节。

计算机三维几何建模第一步绘出表示轴线或框架的基准图线（图 4 下）；第二步生成三维线框模型（图 4 上）；第三步在特定截面上绘出平面图形；第四步用平面图形生成实心体；第五步对实心体进行复合和修改操作。计算机辅助设计的最终成果是记录形状和尺度数据的图形文件。

图 2　用计算机三维几何建模呈现自己的创意

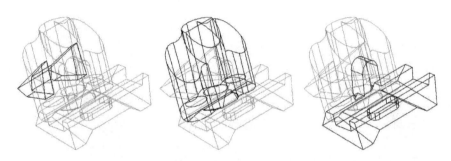

图 3　三维几何建模的分解

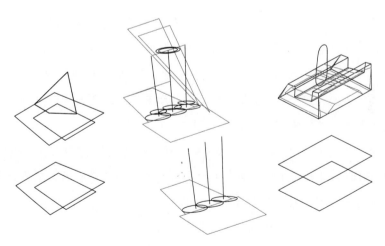

图 4　用于三维建模的线框模型

有了图形文件以后，还需要进行文件格式转换，将 AutoCAD 建模软件使用的 DWG 格式转换成为另一种 STL 图形文件格式。有了 STL 文件以后，就可以用切片软件进行切片处理。所谓"切片"是指用水平面对几何模型进行切割，获得几何体的截面轮廓，依据薄片的轮廓线规定 3D 打印头在工作面内的移动轨迹。切片操作逐层进行，最终生成驱动 3D 打印机运动的指令数据（图5）。在切片软件中，还能够设置 3D 打印的加工参数。

图 5　在切片软件中分层观察，模拟 3D 打印过程（参见书后彩图）

　　在应用 3D 打印技术的过程中，切片处理是重要环节。在切片软件中打开的是 STL 文件，导入需要打印的几何模型整体，切片处理的结果是输出 G 指令文件。有了 G 指令文件，我们才能将它输入到 3D 打印机控制系统的存储器中。这样才能在启动 3D 打印机后，读出加工指令，开始 3D 打印进程，将描述几何形体的数字模型转换为实物形态的成品模型。

　　在熔融沉积成型 3D 打印机中，热熔性塑料丝被送入 3D 打印头内加热（图6左）。从 3D 打印头喷嘴（图6右）中被挤出的丝材一开始凝固在工作台上，形成底座或裙边。再后来，丝材凝固在半成品的工作面上（图7左）。通过这样的层层堆叠，最终形成实物样品（图7右）。

图6 3D打印机中的3D打印头（参见书后彩图）

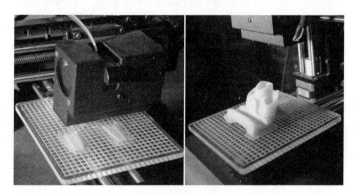

图7 用3D打印机加工出实物样品（参见书后彩图）

运用3D打印技术的重点是三维几何建模，其难点是如何运用建模软件的功能来表现自己的想法。为此我们需要分解工作任务。为了建立如图8(左)所示的几何模型，第一步分解为绘制平面图形（图8左中）和拉伸平面图形。第二步将绘制平面图形的任务分解成绘制草图和修改草图。第三步将绘制草图分解为绘制框架图线和添加其他图线。第四步将绘制框架图线分解为绘制整圆（图8中右）和矩形框（图8右）。绘制整圆的操作又可分解为：①进入"绘制整圆"的操作状态；②指定圆心位置；③输入半径值。分解三维建模任务可降低理解难度。

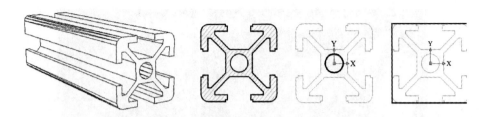

图8　铝合金型材几何模型的生成过程

3D打印其实离我们并不远。通过互联网，我们可以获取足够的设备信息资源。目前有许多公司供应各种类型的 3D 打印机。只要我们采用正确的学习方法，先易后难地掌握建模软件和切片软件的操作规则，同时积累相关方面的专业知识，就一定能够克服在人机交互方面出现的种种困难。

撰写这本书的目的是把散落在各处的资料汇集起来，梳理成一个"系统"，奉献给各位读者，以此提供一条适合大多数人的学习路径。希望这本书能引起大家对 3D 打印技术的兴趣，缩短"老百姓"与"工程师"的距离，让 3D 打印在创新创业活动中起到实实在在的积极作用。

在本书写作过程中，选用了 Autodesk（欧特克）公司开发的 AutoCAD 软件进行计算机三维几何建模，并得到 Autodesk 软件公司（中国）有限公司上海分公司研发团队中多位工程师的有力支持，在此深致谢意！

本书对 UG 软件和 SolidWorks 软件的介绍，分别参考了上海大学机电工程与自动化学院戴春祥老师和袁庆丰老师的授课讲义，在此表示感谢。

在本书撰写过程中，用到了来自互联网相关网站的多幅图片。由于时间仓促以及作者了解的信息有限，未能一一征得版权人的同意。在此谨向这些图片的作者和版权所有者深深致意，感谢大家对科学普及工作的支持！

李维

2018 年 3 月

目录

第一章

创意与设计制造的融合

第一节

人类文明离不开设计和制造

经考古发现，北京猿人出现于 70 万年前，但是人类进入文明的时间只有 5000~6000 年。在漫长的历史阶段中，地球上只有平原山岳、荒漠丛林和河流海洋，人类依赖简陋的手段，过着风餐露宿、茹毛饮血的原始生活。我们不禁要想：是什么改变了这一切？是"制造"。人类制造出工具，然后运用工具制造出各种器物，逐步改变了自己的生存环境。我们还要问：人类是如何制造出器物的呢？是"设计"。原始人在制造一种器物之前，首先要形成某种想法，要决定如何搜集原材料，如何选择工具和加工方法，如何用工具把材料加工成想要的形状等。正是通过不断的"设计"和"制造"，人类在狩猎捕鱼、植物栽培、动物驯化、纺纱织布、砖石建筑、水利工程、采矿冶金等方面都取得了长足进步，创造出繁华富足的物质文明。

人们通过设计制造，满足衣食住行的要求。古代中国在西周前后出现的圭表，春秋时期的筹算和钢铁冶炼技术，战国初期的指南针、青铜弩机，西汉初期的造纸术、指南车和水碓，三国时代的龙骨水车，东汉时期的漏水转浑天仪、候风地动仪，北宋年间的活字印刷术、水运仪象台，公元前建成的四川都江堰水利工程等（图 1-1），都是实现创造发明的设计制造的著名实例[1]。

图 1-1 中国古代的部分创造发明

第二节

创意推动物质文明的
发展

　　创新是设计的灵魂，设计是创新的出发点。在漫长的历史发展长河中，人类的创意不断地产生和实现。西方社会同样也涌现出了丰富多彩的创造发明成果[2]。1582年，意大利的伽利略发现了摆的等时性。1657年，荷兰的惠更斯利用该原理发明了摆钟（图1-2上左），提升了计时精度。1439年，德国的古腾堡制造成功木制凸版印刷机（图1-2上中），改进了印刷质量。1767年，英国的哈格里佛上发明了多纺锤的珍妮纺纱机（图1-2上右），提高了纺纱产量。从1765年到1790年，英国的詹姆斯·瓦特对蒸汽机作了重大改进（图1-2下左），改进了对热能的利用，由此开始用自然能替代人力和畜力完成工作。1797年，英国的莫兹利成功制造出由丝杠传动的刀架，能实现机动进给和螺纹车削（图1-2下中）。1876年，美国的贝尔发明了电话，可以远距离地用语音信号交换信息（图1-2下右）。

　　要创造一件物质产品，设计和制造需要紧密结合在一起。在大规模工业化出现之前，设计者和制造者往往是同一位工匠，他们边设计边制造，在制造的同时修改设计。在不断改进的过程中，使设计更完善，制造更精细。为了提高设计与制造工作的质量与效率，设计者要懂制造技术，制造者要理解设计意图，这样才能制造出前所未有的新器具和新产品。

图 1-2 西方社会早期的部分创造发明

第三节

创意设计的基础

　　在设计中要体现创新。首先，设计的目标是实现创新，设计的本质要求有首创性。在设计过程中，要避免完全简单地模仿现有方案。其次，在设计过程中充满了创造性思维活动，这些思维活动还可以细分为经验思维（以经验为依据来判断问题）、形象思维（用直观形象和表象来判断问题）和美感思维（与审美观有联系的思维）。再次，在设计的各阶段描述了丰富的创新设想和具体的创新细节。最后，设计的结果应该是前所未有的新型装置和新产品。总之，设计工作有着具体实在的创新内涵。

　　成功的设计既要有活跃的思维，还要有丰富的知识。知识分为经验知识和理论知识，是人类认识自然界和人类社会的成果。人类在认识自然的过程中不断地探索到新现象新规律，这就是发现。现象和规律是自然界固有的，发现只是人类对自然界认识深化的结果。例如阿基米德发现杠杆定律，门捷列夫发现化学元素周期表，赫兹发现电磁波，法拉第发现电磁感应定律，爱因斯坦发现相对论。所有发现的积累和总结形成各门系统描述知识的学科，在学科中汇集的知识是人们设计的理论基础和依据。

　　除了基础理论知识，设计者还需要了解技术。技术是对科学知识的应用，技术属于应用科学范畴。自从德国科学家赫兹（Heinrich Rudolf Hertz）在1887年发现了电磁波的存在，在短短的几年中，这一重大发现就被应用到无线电通信、无线电定位和无线电探测中。在两百多年后的今天，从加热食品的微波炉到用途广泛的智能手机，从全球广播节目的短波电台到近距使用的对讲机，从雷达到空间卫星通信，从GPS定位系统到移动互联网，这些应用的基本原理无一不是赫兹当年发现的电磁波的产生和传播。

　　1877年，美国发明家爱迪生发明碳丝电灯的过程中，首次发现了热电子发射现象。受此启发，英国电气工程师弗莱明在1904年研制出用于检波的真空二极管，1906年，美国发明家德·福雷斯特在真空二极电子管的阴极和阳极之间添加了一个金属丝网，制造成功具有放大作用的真空三极电子管（图1-3左）。1947年12月，美国贝尔实验室的肖克莱、布拉顿和巴丁研制出世界上第一只点接触型晶体管（图1-3中）。1958年9月，美国德州仪器公司的工程师杰克·基尔比成功制造出世界上第一块集成电路，在一块用半导体材料（锗）制成的基片上蚀刻了电阻、电容和晶体管等器件。晶体管和集成电路的发明为数字计算机的改进和大规模发展诞生铺平了道路。1974年，英特尔公司研制出了8080通用微处理器（图1-3右）。

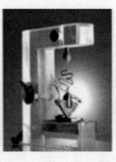

图1-3　真空电子管、晶体管、微处理器

大多数的创造发明并不是在短时间内完成的，研究工作需要有知识和经验的长期积累。当爱迪生发现了热电子发射现象以后，他的工作事实上为弗莱明后来发明真空二极管积累了部分的实验方案和数据。真空二极管的研制成功显然为德·福雷斯特发明真空三极管做好了前期准备。真空三极管的研制成功为后来肖克莱、布拉顿和巴丁三人的研究发明工作奠定了重要基础，有助于他们用半导体材料制造出分立式晶体管。分立式晶体管的发明与集成电路的诞生又有着不可分割的联系，大规模集成电路的出现直接为后来的微处理器（microprocessor）的成功研制创造了条件。

设计者掌握知识的广度和深度决定了设计的出发点，运用现有工程知识的巧妙程度又决定了设计工作的质量。设计不仅需要知识，还需要具备创造性思维的能力。创造性思维分为三种：①创造性经验思维（善于通过观察与实验进行创新设计）；②创造性形象思维（用想象和联想进行创新设计）；③创造性灵感思维（用一种突发性顿悟进行创新设计）。

创造性思维具备四种特性：第一种是"突破性"，通过加工处理已有的知识信息，从中发现新的关系，形成新的概念，产生突破性的研究成果。第二种是"新颖性"，通过求异求新，超越原有的思维框架，更新知识和理念，获取前所未有的成果。第三种是"多向性"，通过多向思维，克服思维定式，激发创新潜能，形成奇特有效的成果。第四种是"独立性"，通过独立自主的思考，产生独特新颖的思维，得到完全与众不同的研究成果。

第四节

制造技术的变革

　　手工制造是最简单的制造技术，它需要人脑、感官和双手的配合。来自大脑的神经信号使人的肌肉产生松弛与紧缩，通过肌腱驱使肩部和手部数十个关节产生运动。从缝纫刺绣到托举重物，人手能够完成的动作不计其数。在历史博物馆里陈列的石器工具、狩猎用的弓箭、祭祀用的玉器都是古人用手工制造出来的。人手的功能还依赖眼睛和大脑，人眼观察四周景物时获得的光线信号在视网膜和神经网络中被转换成视觉信号，大脑根据接收到的视觉信号，运用感知与判断功能对人手的运动姿态作出反馈调整。手－眼－大脑的协同使人类具备了适应自然和变革自然的能力。

　　手工制作需要工具。原始人需要用工具完成对石器、骨器和木器的加工，能够制造工具是人与动物的主要区别（图1-4）。现代人也要使用手工工具完成各种制作和维修任务，木工要用工具制作木器家具，钳工要用工具制作工装夹具与模具，电工要用工具切剥导线和制作端子，即便是中小学生，在劳技课中也要使用剪刀和美工刀这样的工具制作出纸质和木质作品。

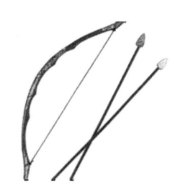

图 1-4 古人手工制作使用的工具和武器

在不同的专业领域，要使用不同的工具。在机械制造过程中，钳工作业（錾削、锉削、锯切、划线、钻削、铰削、攻丝、套丝、刮削、研磨、矫正、弯曲和铆接）是广泛应用的基本技能。钳工常用的工具为在桌面上固定工件的台虎钳（图 1-5 上左）、加工平面的锉刀（图 1-5 上中）、夹持工件的手虎钳（图 1-5 上右）、锯割材料的锯子（图 1-5 下左）、敲击物件的锤子（图 1-5 下中）和旋动螺钉的螺丝刀（图 1-5 下右）。

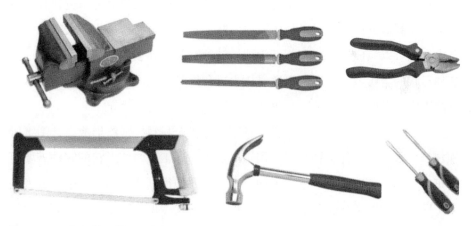

图 1-5 现代人使用的手工工具

以蒸汽机技术为标志的第一次工业革命开启了机器制造时代。机器制造突破人类和动物的肌肉力量极限,实现了手工制造向机器化生产的巨大转变。蒸汽机、内燃机与后来的电动机能够为各种工作机器(纺纱机、织布机、缝纫机、制鞋机和金属切削机床等)提供强大的动力。机器制造功率大,速度快,加工精度高,产品的产量大大增加。在机器制造时代,出现了多工序连续作业的流水生产线(图1-6)。它按照产品的制造和装配工艺安排工位和设备,降低了作业难度,提高了工人操作的熟练度和生产效率。

图1-6　实现大规模生产的织布车间与汽车装配流水线

机器制造用机器代替手工制造,所用的机器可以大致分为制造和装配两大类。在制造类机器中,以金属零件为制造对象的机器占了相当大的比例,金属加工可以完成钻孔、车削、刨削、铣削、磨削等金属切削操作,制造出各种形状的金属零件,还可以通过压力机和模具等完成对薄板材料的冲压和弯曲等成型操作。机械制造企业是国民经济的重要组成部分。

金属切削加工用刀具在工件毛坯上切除多余材料,最终形成设计图纸所规定的形状。在工件上钻孔需要用钻床加工。加工圆柱体形状的零件需要使用车床(图1-7左)。在工件上加工平面需要使用刨床(图1-7中)或者铣床(图1-7右)。金属切削加工要满足零件形状、尺寸精度和表面光洁度等要求。影响金属切削质量的是刀具材料、刀具形状和切削参数。

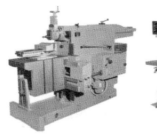

图 1-7　用于金属切削的车床、刨床和铣床

车床（图 1-7 左）的主轴箱上有可以旋转的卡盘，卡盘被用来夹持各种工件。主轴箱旁的进给箱被用来驱动光杠和丝杠转动，进而通过溜板箱使位于床身导轨上的大拖板纵向移动。在大拖板上安装横向移动的中拖板和移动方向可以改变的小拖板。在小拖板上装有固定切削刀具的刀架。

在刨床（图 1-7 中）的床身内有电动机驱动的曲柄导杆机构，该机构驱使滑枕作直线往复主运动。在滑枕上装有角度可调的刀架，安装在刀架上的刀具用来切削工件。被加工的工件固定在工作台上，工作台在螺杆螺母传动机构的作用下产生横向进给运动。刨床用来加工各种平面。

铣床（图 1-7 右）分为立式铣床和卧式铣床两种。铣床用旋转的铣刀对工件表面进行切削加工。铣刀的旋转运动为主运动，工件相对于刀具的移动为进给运动。铣床可以在工件表面上加工出平面、沟槽以及成型表面。

除了金属切削机床以外，还有各种特种加工机床。线切割机床是一种电加工设备，它依靠通电的钼丝与固定在移动工作台上的工件接触，通过电腐蚀切割金属，特别适合加工硬度高的材料，是制造模具的主要设备。电火花加工机床使用脉冲电源，在工具电极与工件电极之间击穿绝缘介质，形成放电通道，放电区域产生的瞬时高温使材料熔化甚至蒸发，在放电过程中工具电极逐步推进，电极表面的形状被蚀刻在工件上，实现成型加工。

在 20 世纪中叶，以数字技术为代表的新一轮科技和产业变革，推动了新的现代化制造时代的到来。人们不再像过去一样满足于肌肉力量的突破与超越，也不仅仅满足于机器动力的增大和运行速度的加快。人们希望机器能发展为人类大脑智慧的拓展和延伸。在现代化制造时代，机器将表现出一定程度的智能，在执行某一项特定任务时能部分替代人的大脑进行思考和控制，具有某种"智能"的机器可以脱离人的干预自动进行工作。例如人们经常使用的数码照相机，在自动模式下，镜头焦距的调节、光圈和快门等曝光参数的选择都是由照相机内部的计算机程序自动完成的（图1-8）。

图1-8　数码照相机的内部构造

自从1952年美国麻省理工学院研制出三坐标数控铣床以来，数控加工得到了迅速发展，成为现代机械制造技术中的主要部分。数控机床是一种用计算机控制的机床，数控机床中的刀具运动轨迹和工作台的运动取决于控制系统发出的指令，被加工零件的形状和尺度等也是用数字信息加以表达。数控加工的优点是灵活可变和自动化，当加工对象改变时，只要修改程序就能适应变化，能很好地完成批量小、品种多的零件加工任务（图1-9）。

控制数控机床的加工程序要按照规定的指令格式编写。简单的加工程序由操作人员手工编写，复杂的加工程序可以由计算机辅助制造（CAE）程序自动生成。数控机床的控制系统根据接收到的加工指令向伺服装置和其他功能部件发出运行或停止信息来控制机床的各种运动。数控机床中需要控制的机械动作有：机床主轴的启动和停止、主轴旋转方向和转速的变换、切削刀具进给方向和进给速度的调整、刀具种类的选择和刀具半径的补偿等。数控机床的控制方式分为连续轨迹控制和点到点的点位控制。

图 1-9 数控加工设备

　　机器人是计算机程序控制的自动机械。机器人技术综合了机械工程、电子工程、传感器应用、信息技术、数学、物理等多学科知识。作为一个机电一体化装置，机器人可分为机械本体部分、关节驱动部分、控制系统部分和传感检测部分。机械本体又可分为基座和安装在基座上的机械臂。机器人基座支承整个机器人的机械构造，必须具有足够的结构刚度和稳定性。机械臂由动力关节和连接构件组成，它的腰座关节连接基座和机械臂，腰部关节的回转运动使整个机械臂绕其垂直中心轴旋转。关节型机械臂通常由主臂、前臂和两个旋转关节组成（图 1-10 左）。主臂关节和前臂关节的旋转角度决定了机械臂的姿态，也决定了机械手腕的空间位置。在机械手腕上可安装不同的末端执行器（图 1-10 中、右），完成各种操作。

　　机器人控制系统的作用是根据操作要求控制机械臂的运动。控制系统中的主控计算机发出协调控制机械臂中各关节驱动器的指令，同时还要完成编程、示教 / 再现以及与其他相关设备之间的信息传递和协调工作。控制系统中的伺服控制器接收关节角度传感器和角速度传感器的信号，通过闭环控制，使机器臂中的各个关节按指定速度、加速度和位置要求运动。

图 1-10　从事搬运、焊接和装配操作的工业机器人（参见书后彩图）

第五节

心灵手巧与手巧心灵

　　学生缺乏想象力和动手能力弱，是不容忽视的基础教育问题。为了培养学生对科学的兴趣，引导学生进行创新思维，加强动手实践能力的培养，我们应该研究"心灵手巧"。何谓"心"？　"心"可以认为是人的思维，是发生在人脑中的一系列心理活动。何谓"心灵"？　"心灵"就是"想得快"，迅速对被研究的问题做出自己的反应；"心灵"就是"想得广"，能够想到别人还没有考虑到的方面；"心灵"就是"想得巧"，能够合理运用现有技术，提出效果特别好的解决方案。我们提倡"心灵"，就是要唤醒蕴藏在人们内心深处的创新意识，鼓励每个人将自己头脑中创新的想法转化成为创新的行动，通过创新行动推动社会经济的发展。

　　我们需要从小培养儿童的创新思维能力。首先要在课堂上实现启发式教育，用学科知识的发现过程来说明创新思维的重要性，用学科的发展过程来揭示创新思维对于知识积累的决定性作用，使学生的创新能力在学习知识的过程中逐渐得到培养和增强。其实心灵手巧的培养是综合性的，"心灵"和

"手巧"互相影响，互相促进。会动脑筋的人因为实践活动多而手巧。反过来，手巧的人也会因为活动多感性认识多而变得心灵。

心灵推动创意设计。现在我们应该认真思考：在什么情况下一个人会萌发创意？这是在学习设计时必须要解决的问题。仅仅理解理论知识肯定不够。没有心灵，理论知识仅仅存在于课本或笔记中，不可能被运用到设计实践中去。只有经过思考和研究，理论知识提供的可能性才会与社会的实际需求结合起来，产生有创意同时也可行的技术方案。

手巧使设计方案更加完美。什么是手巧？手巧就是动作精细，心到手到，手艺高超，能够完成常人难以做到的精密加工。手巧与设计有什么关系？因为手巧，人们的想法会更快更好地变成现实，在实现想法的过程中可以获得更多的经验。这些实践经验首先会被用来检验设计方案，发现存在的问题。还可以会被用于丰富设计思路，提高设计方案的质量。手巧不是先天就有的，需要在实践中不断锻炼，逐步形成。手巧使学生增强了自己制作创意产品的信心，形成自己动手的意识，人也会勤奋起来。人的脑子也会灵巧起来，如此循环反复，手巧使心会变得更灵。

在双手劳作过程中，人们的劳动技能增加了，手艺更加精细灵活，也更加熟练。熟能生巧，熟也能推动心灵。手巧可以使做出的创意产品达到精细完美程度。在 1948—1950 年，笔者（邹慧君教授）就读于浙江省嘉兴市县立初级中学。学校校园不大，学生人数也不多，但老师们上课非常认真。除了有语文、数学、物理、化学、英语等主课以外，学校还开设了颇受学生喜爱的劳作课，任教的是一位身材高大的男老师。他心很细，手很巧，会织绒线衣，会编网线袋，手把手教了我们不少手艺，使我树立起"双手万能"和"心灵可以手巧，手巧可以心灵"的思维方式，这些重要的基础概念和思维使我得益匪浅，从中获得的教诲终身受用。

上课时，老师拿来一把竹制梭子（类似图 1-11 上左）作为样品，要求我们自由发挥，以竹片为原材料，加工出编织网线袋的工具，制成之后我们将线缠绕在梭子内的槽中，按照老师传授的方法用它进行编织。当一只自己编织的网线袋（类似图1-11右）结成的时候，内心感觉到十分的喜悦和自豪。老师后来又拿来新的样品，一把竹制的调羹（类似图1-11下左），要求我们改变它的外观，制作具有新形状新功能的调羹。例如大调羹与小调羹的结合，调羹与叉子的结合。这位有经验的老师深谙由浅入深、先易后难的教学技巧，他把比较容易制作的平面形状梭子作为第一步，为第二步设计制造更复杂的立体形状多功能调羹打基础。老师示范在先，通过一个实践项目传授操作技艺。学生模仿在后，通过学习老师的经验积累知识。在学生有了一点制作经验基础之后，再循序渐进地开始进行自己的修改和创新。60多年前的这个教学案例值得我们今天再学习。

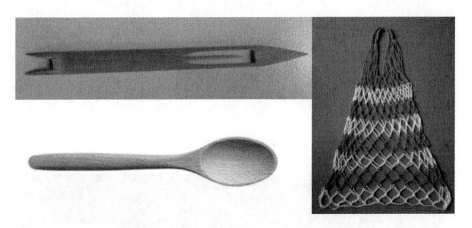

图1-11　木梭子、竹调羹与网线袋

从理论上讲，每个人都有创造力，创造发明并不是只有少数人才能完成的工作，现在需要的是用适当的方法激发创造力。结合创新项目培养创新能力是一种行之有效的方法，事实证明其效果相当不错。因为它能激发创新思维，传授创新技法，培养人的心智，最终推动创意设计的完成（图1-12）。

学生参加科技活动需要把握好"立题"、"方案"、"实施"和"评估"

四个环节。并不是每个想法都可以成为"课题"，我们需要评估每一个想法的意义和价值，用事实和数据证明某个想法有切切实实的社会价值和经济价值。对于许多有价值的想法，我们还要为它们制定实施方案，要考虑"可行性"。比较一下需要付出的"代价"和预期获得的"成效"，只有那些很有价值，并且肯定可行的想法才适合作为学生课题（图 1-13）。立题以后我们要制定研究方案，要搭建实验平台，获取实验数据并且整理归纳。

图 1-12　中小学生的手工艺作品（参见书后彩图）

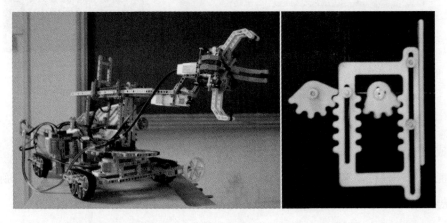

图 1-13　中小学生的科技作品（参见书后彩图）

第六节

设计制造需要工匠精神

在大规模工业生产出现之前，木匠、铁匠、铜匠、石匠等是制造业的主体。工匠们用精湛技艺制造出一件件美观实用的生活用品，有的还成为传世的艺术珍品。机器制造的出现使得世代相传的手工艺相继淡出，有的甚至濒临消亡。我们现在需要思考：工匠精神还要不要继承和发扬？

如果仅仅用生产效率作为衡量标准，机器明显优于手工工具，机械化生产肯定要远远超过手工制作，手工作坊似乎无法摆脱最终被替代的命运。但是从满足个性化的需求考虑，从追求某种个人情感的角度考虑，秉承手工制作的技艺仍然有存在的必要，而且会越来越受到人们的认可和喜爱。各类手艺工坊和创意体验吧的出现和受欢迎可以证明这一点。

工匠精神中最核心的部分是"执着"和"追求完美"。在总体设计过程中提倡工匠精神，就是要精心规划设计方案，在功能、外观、成本和可靠性等多个方面加以审慎考虑。在详细设计过程中提倡工匠精神，就是要关注产品结构设计图纸中的每一根线条，严格核对每一个尺寸，仔细挑选零件的材料，力求达到极致卓越的水准。在制造过程中提倡工匠精神，就是要持之以恒地钻研制造工艺，严格遵守产品质量检验标准，用一丝不苟的态度制作出每一个零件。在装配过程中提倡工匠精神，就是要完全达到配合精度和接触精度方面的要求，保证机器运转的稳定性和耐久性[3]。

为了推崇工匠精神，我们要把职业和兴趣结合起来，把"产品"当成"作品"，摈弃急功近利忽视质量的短视行为。为了培育工匠精神，我们要持有耐心，年复一年地在设计和制造中倾注自己的心血。同时还要从前辈中继承手艺和经验，通过言传身教，向新人传授自己的心得，使在数百年乃至上千年中积蓄的知识和技能能够世代相传发扬光大。

尽管当今制造技术已经发展到数字化制造时代，大部分的制造工序已经实现自动化，但是机器不能解决所有的问题，仍然有相当一部分核心技术工作需要由具有工匠精神的人来完成。从这个意义上分析，工匠精神不仅要一直保持下去，而且会变得越来越宝贵。我们要尊重工匠，依托精益求精的工匠精神，使中国制造的产品质量不断改进，影响逐渐扩大。

第七节

把"想法"变成 "现实"

从一个"想法"发展到一件"作品"需要经历两个阶段：第一个阶段是"表述"想法的阶段，是设计，我们需要"物化"想法，用适当的方式描述自己的想法，并且用"数据"的形式把它们记录和保存起来；第二个阶段是"实现"想法的阶段，是制造，我们需要动用适当的设备和应用可靠的制造工艺，将数据形态的设计结果转换成为实物形态的作品。

为了在桌上稳定地安放手机，调整手机屏幕摆放位置，我们需要一个手机托架（图1-14）。从功能角度分析，手机托架要提供稳定的支撑功能，它要限制手机在空间的移动和摆动。从外观角度分析，该托架还要使人产生愉悦感觉。从制造的角度分析，该托架要制造方便，生产成本要低。从维护保养的角度分析，手机托架还要便于擦洗和清洁。这些是基本"想法"。

在另一方面，我们还希望增加手机托架的功能，成为一种新型的案桌摆件。具体要求是：希望手机托架兼有笔筒的功能，在托架的前面要能够置放一部手机，在托架的背面要可以插入和固定一支或多支笔。

图 1-14　现有的手机托架

笔筒是放在书桌上的文具（图 1-15），被用来改变笔的置放状态，达到方便拿取和防止其自由滚动的目的。除了功能以外，笔筒的外观也甚为重要，有厚重古朴型，也有轻巧时尚型。笔筒的形状和表面色彩、制作笔筒的材料，以及在笔筒表面刻制的图案文字都可以用来表现风格情调。手机托架的外形与笔筒的外形并不一致。设计者的任务是找出笔筒与手机托架在形状方面的共同点，探索使两者融合为一个和谐整体的可能性。在不断尝试和改进的过程中，获得比较好的设计方案。

图 1-15　各种不同的笔筒

当萌发了创新的"想法"以后，就应该充分"表现"。仅仅用文字表述是完全不够的，我们还需要用图线形式描绘创新对象的形状，用色彩和明暗表示创新对象的表面材质，还要在多个方向上用数字来规定创新对象的尺度。这些都是"设计"的任务。我们需要掌握工程师使用的专业手段，把自己头脑中的创新"想法"变成符合标准规范的工程"图纸"。

在很长的一个历史阶段中，人们在设计时采用手工绘图表达自己的想法。开始用笔在纸上画出草图，然后按照工程制图的规则绘出机械图纸。机械图纸最常见的形式是三视图，表现为从正面观察的正视图、从左边观察的左视图和从上往下观察的俯视图（图1-16）。还可以绘出有立体感的轴测图。工程制图的基础是投影理论。从光源发出的光线，将物体上的点和边缘线投射到平面上。通过投影，一个位于空间的物体，可以用各个投影平面上的图线来表现。投影理论解决了三维物体向平面图线转换的问题。

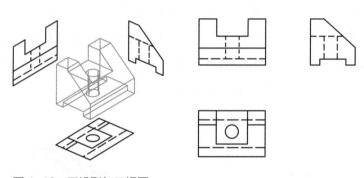

图 1-16　正投影与三视图

三视图在机械工程和建筑工程中得到广泛应用。但是阅读三视图需要掌握机械制图知识。手工绘图耗费时间长，工作效率低，而且不易修改，大量纸质图纸的保存也有难度。大约在 20 世纪 50 年代，随着计算机硬件制造水平的不断提高和计算机图形学（computer graphics，CG）的研究不断深入，新的设计手段——计算机辅助设计（computer aided design，CAD）诞生了。

从那个时候开始，设计师担任的"角色"慢慢开始转变，费时费力的"绘图"工作逐渐被移交给计算机软硬件来自动完成，计算机绘图逐渐替代了人工绘图。一开始是用图形软件在计算机屏幕上绘平面图线。与早先的手工绘图方法比较，计算机绘出的平面图线质量高，修改相当容易，电子图纸的保存和调用也十分方便。但是计算机平面作图还是需要像手工作图一样，把所有图线一笔一笔绘出来，绘图效率提高得并不多。

随着计算机图形学研究的发展，人们构建出了表现几何形体的数学模型。设计师不再需要通过键盘鼠标在计算机屏幕上逐笔绘出形体轮廓。他们输入的仅仅是"要求"和"参数"。根据接收到的物体形状参数和位置参数，计算机建模软件会通过特定算法自动计算出图线上各点的位置，然后显示在屏幕上，计算机软件的这种功能被称为三维造型（Modeling）。它与平面作图是性质不同的概念，使用三维造型的设计效率要高许多倍。

在计算机三维造型过程中，几何元素的生成在三维空间中完成。首先生成基准和框架图线（图1-17左），其作用是勾勒出设计对象存在的空间范围和位置。接着绘制出平面轮廓线（图1-17中），这些图线将作为实心体（Solid）建模的基础。最后用平面图线生成实心体（图1-17右）。

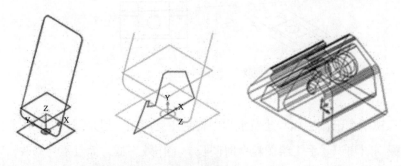

图1-17　手机托架的计算机三维建模过程

在计算机三维造型中，生成实心体的方式分为三种：第一种是运用建模软件的功能直接生成规则实心体（球体、立方体、圆柱体等）。第二种是将平面图线转换成为实心体。如果需要生成板块状形体，可以使用计算机建模软件提供的拉伸（Extrude）功能。如果需要生成旋转体，可以使用建模软件提供的旋转（Revolve）功能。第三种是用实心体布尔操作（Boolean Operation）的功能对基本实心体进行"加"、"减"、"交"组合，形成更为复杂的实心体模型。从边缘倒角（Fillet）到切割分离（Slice），从表面拉伸到抽壳（Shell）操作，建模软件还提供一系列实心体编辑功能。

为了用 3D 打印实现我们头脑中产生的某种"设想"（图 1-18），第一步需要将想法具体化和数字化，用确切的形状描述设计对象，用准确的数字规定长度和位置，用绝对位置和相对位置的变化剖析设计对象的运动过程。第二步是要进行计算机三维造型。用鼠标和键盘操作计算机建模软件，运用软件的功能生成代表设计对象的数字模型。第三步要做的工作是转换计算机图形文件，用切片软件进行切片处理，生成驱动 3D 打印机的指令文件，启动 3D 打印机进行打印操作，将作为原材料的丝材加工成为实物样品。

图 1-18 从"想法"发展到"现实"的三个阶段

计算机三维几何建模是人与计算机软硬件互动的过程。设计师根据创意设想，运用自己的经验和创新思维能力，构想出初步的设计概念，用鼠标、键盘操作的形式等将自己的建模要求输入计算机，由计算机建模软件进行自动计算、自动显示和自动绘图。由于摆脱了大量的绘图工作，设计师节省出大量的时间与精力。计算机建模软件通过数据运算和图形显示可以立即给出实现结果。设计师通过观察分析屏幕上显示的图形，能够及时对自己的设计概念做出评估修改，进而提出下一步的操作要求。在这种人机交互的设计过程中，人脑和电脑的特长都得到了充分发挥。

计算机三维建模的结果是图形文件，在图形文件中记录的是设计对象的形状数据。设计阶段的任务是将"想法"变成"计算机文件"，变成在计算机图形文件中记录的"数据"，图形文件的获得表示设计阶段结束。

紧接着设计阶段的是制造阶段，最后执行制造任务的是 3D 打印机，驱动 3D 打印机运动所需要的文件是 G 指令文件。为了获得 G 指令文件，我们先要将计算机图形文件转换为 STL 格式，然后在个人计算机中启动切片软件（slicing software），在软件中设置各种操作参数，对 STL 格式文件中的数字模型进行切片处理。所谓切片处理是将几何模型分割成为许多互相重叠的水平薄片（图 1-19 左），执行切片处理的计算机软件根据各个薄片的边缘轮廓决定加工轨迹，生成驱使 3D 打印头运动的 G 指令文件。

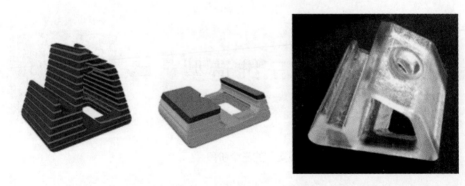

图 1-19　对数字模型的切片处理与 3D 打印结果

当 G 指令文件被输入到基于熔融沉积成型（fused deposition modeling，FDM）原理的 3D 打印机后，3D 打印机中的工作台会根据 G 指令文件中的轨迹数据移动，3D 打印机中的 3D 打印头相对于工作台的位置会发生相应改变。丝状材料在 3D 打印头内部受热熔化，然后在 3D 打印头喷嘴中被逐渐挤出，通过 3D 打印头将处于热熔状态的丝状材料在基体表面层层涂布，3D 打印机会逐层打印加工出与计算机三维建模结果相一致的成品（图 1-18 右）。

"想法"是发生在人大脑中的心理活动，"现实"是以各种物质形态表示的物理存在。通过设计环节与制造环节，我们的"想法"可以变为"现实"。在运用 3D 打印技术的过程中，"想法"转变为"现实"的过程要经历 "想法"具体化和数量化的阶段，经历计算机三维几何建模的阶段，经历变换图形文件格式的阶段，经历切片处理生成 G 指令文件的阶段，最后经历输入 G 指令文件驱动 3D 打印机制造出实物的阶段。

第二章

"想法"如何变成"数字模型"

第一节

什么是"数字模型"？

　　模型（model）是一种比较宽泛的概念，被用来表示某种事物或形态结构。在一定的假设条件下，模型能够描述或再现原型客体的特征（结构特征、功能特征、属性特征、关系特征、过程特征等）。比较常见的模型是用实物制作的模型，例如教师上课用的教具模型，学生课外活动制作的航模船模，展示房屋内外构造的建筑模型等。相当重要的模型是用数学公式表示的数学模型，它们定量描述相关系统中各个变量之间的相互关系。应用越来越广泛的模型是在计算机中展示的虚拟仿真模型，通过运行计算机应用程序，使用计算机的数值计算和图形显示功能再现部分现实世界。

　　表现几何形体的数字模型（digital model）属于虚拟仿真模型，它们用特定的数据结构记录形体的形状与尺度，同时还保存形体表面的材质和明暗数据。数字模型在建模软件中生成和修改，以图形文件的形式保存和管理。当我们在建模软件中打开图形文件后，计算机屏幕就会相当逼真地显示文件中记录的几何形体（图2-1）。在运用3D打印技术实现创意的过程中，数字模型就是体现创意的设计对象。在后续的制造阶段中，数字模型中的**数据**被转化成为加工指令，通过 3D 打印机制出实物展示创意。

图 2-1　表现机械零件和装配体的数字模型（参见书后彩图）

在表现几何形体的数字模型中，最简单的是三维线框模型（wire model）。组成三维线框模型的是实体点、直线、矩形框、整圆和圆弧以及其他一些平面图线（图 2-2）。三维线框模型的生成和修改都比较简便，可以被用来表示设计对象的框架和基准图线，适用于创意设计的酝酿阶段。

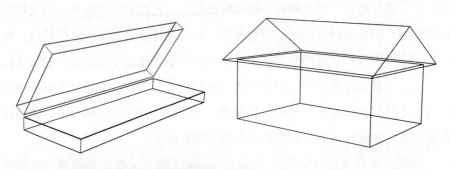

图 2-2　表现设计对象的三维线框模型

变化最大的数字模型是曲面模型（surface model）。曲面模型不仅表现形体的边缘，而且能够提供形体的"表面"特征。图 2-3 左为用 AutoCAD

软件生成的沙发模型，它用多个边界曲面（edge surface）分别组合成为沙发中的扶手形体、靠背形体和坐垫形体。除此以外，AutoCAD 软件还提供母线绕一根轴旋转后生成的旋转曲面（RevSurf）和连接两条端面曲线的直纹曲面（RuleSurf），以及平面图线沿空间指定方向延伸的筒形曲面（TabSurf）等曲面模型生成功能。图 2-3 右为表现窗帘的直纹曲面和边界曲面。

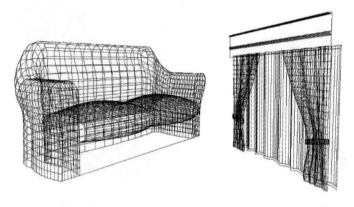

图 2-3　表现设计对象的曲面模型

如果要求数字模型不仅表现形体的"表面"，还要有内部充填的特征，那就需要使用实心体模型（solid model）。实心体模型的构建性能最强，也是实现 3D 打印所必需提供的一种数字模型。当实心体模型生成以后，可以表现某种设计概念，它们的位置和在空间的方位可以通过计算机软件提供的功能加以变动，展示机械装置的运动过程。图 2-4 左为用实心体模型组成的渐开线齿轮零件。图 2-4 右是用实心体表现的机器人模型。

生成实心体模型的第一种数学方法是构造实体几何法（constructive solid geometry，CSG）。这种建模方法先形成一些简单体素（例如立方体、圆柱体、圆环、圆锥体等）的模型，然后通过布尔操作（加、减、交），将体素组合成为设计所需要的三维模型实体。生成实心体模型的第二种数学方法是边界表达法（boundary representation）。它所依据的是几何形体中的各个顶点、各条边缘和各表面上的节点位置数据，通过这些用三维坐标值形式表示的点，精确构成实心体模型中各个表面的边界。建模软件根据边界进行判断：只有完全位于边界内部的区域，才属于实心体占据的区域。

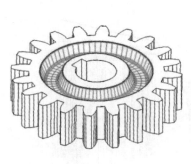

图 2-4　表现设计对象的实心体模型

　　线框模型、曲面模型和实心体模型之间存在联系。线框模型是最根本的基础。在生成曲面模型之前，先要绘出多条曲面边界线，用曲线生成曲面。在大多数情况下，需要依托一个线框模型才能准确地绘出这些位于空间的曲线。在生成比较复杂的实心体模型之前，也需要借助已有的线框模型。反过来，如果要调整用户坐标系，在某个局部区域内生成进一步细化的线框模型，很有可能也要在已有的曲面模型和实心体模型上进行。

第二节

为什么要研究
"数字模型"？

数字模型是连接"设计"环节与"制造"环节的"桥梁"。计算机辅助设计（computer-aided design，CAD）的结果是数字模型，图形文件的内容是数字模型，切片处理的对象是数字模型，计算机辅助制造（computer-aided manufacturing，CAM）要使用的原始数据也来自数字模型。在运用现代制造技术制造产品的过程中，我们完全离不开表现各种几何形体的数字模型。

3D 打印机不是人工操纵的机床，而是一种用计算机程序控制的自动加工设备，它的工作状态完全取决于操作人员向 3D 打印机输入的指令程序。3D 打印的指令文件源于对数字模型的处理。如果没有数字模型，3D 打印机不可能制作出实物零件，原因是它的控制系统没有接收到指令，无法根据指令来驱动 3D 打印机内的执行部件。3D 打印需要数字模型。

在 3D 打印的工艺流程中，计算机建模软件生成的数字模型是"源头"。有了图形文件中的数字模型，才能进行后续的一系列变换和处理（图 2-5）。第一步是图形文件格式转换，生成 STL 格式的图形文件；第二步是将 STL

文件送入切片软件进行切片处理；第三步是在切片软件中进行一系列设置，生成 G 指令文件；第四步是将 G 指令文件输入 3D 打印机，执行 3D 打印操作。

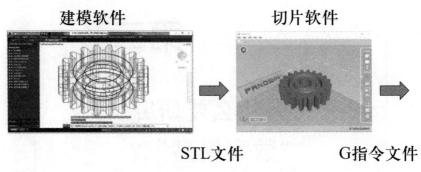

建模软件　　　　　　　　　　　**切片软件**

STL文件　　　　　　　　G指令文件

图 2-5　G 指令文件的生成过程

　　G 指令文件中所含的数据代表了 3D 打印头相对于工作台的位置变化。这些数据来自切片软件对 STL 文件的处理。切片处理通过层层分割几何形体得到薄片轮廓线，按照特定算法在薄片轮廓线范围内计算出 3D 打印头在平面内的移动轨迹。3D 打印机的控制系统根据 G 指令驱动电动机。

第三节

用什么方式获得
"数字模型"？

3D 打印技术起源于快速成型制造技术（rapid prototyping manufacturing，RPM）（图 2-6）。经历了近 30 年的发展之后，3D 打印技术目前已经得到普及。从科研单位到专业院校，从制造厂商到业余爱好者，许许多多的团体和个人都在研究 3D 打印，获得了不少计算机三维建模的成果，所以我们现在可以通过三种不同的途径获取 3D 打印所需要的各种数字模型。

获得数字模型的第一种途径是使用现有的数字模型。最直接的方法是从互联网相关网站下载图形文件（图 2-7），直接获得图形文件中所含的数字模型。这种方法的突出优点是获取的途径多，使用者自己不需要耗费许多时间去了解和掌握相当复杂的三维建模技术。不足之处是受到现有模型种类和数量的限制。如果设计者有个性化的要求，则这种方法无法满足。

图 2-6　在维基百科中介绍的快速成型技术

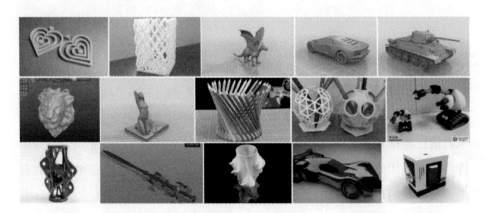

图 2-7　提供数字模型下载服务的互联网网站（打印虎）（参见书后彩图）

　　第二种获取数字模型的途径是对下载的图形文件作适当修改。为此要在个人计算机中安装和启动与图形文件对应的建模软件。用建模软件提供的功能对下载的图形文件进行局部修改。在下载图形文件的过程中，图形文件的格式是一个重要问题。每一种建模软件都有自己特定的图形文件格式。SketchUP 软件使用 SKP 文件格式，AutoCAD 软件使用 DWG 文件格式，

SolidWorks 软件使用 SLD 文件格式。计算机建模软件在生成特定格式图形文件的同时，还可以输出若干种标准格式的图形文件。

为了交换图形数据，在不同的软件之间共享建模成果，各建模软件还可以生成标准化的 DXF（data exchange file）图形文件和 IGES（initial graphics exchange specification）图形文件。另外还有 SAT（standard ACIS text）图形文件和 STP（standard for the exchange of product）图形文件。在了解各种图形文件格式的基础上，我们可以利用建模软件进行图形文件格式转换。

第三种获得数字模型的途径是下载和安装合适的计算机建模软件，运用建模软件提供的平面作图和三维建模功能，从头开始进行三维建模。这样做的明显优点是灵活性和扩展性强，能够利用计算机建模软件全面细致地表现自己的创意构想。但在另一方面，从头开始建立数字模型需要投入大量时间学习建模软件的操作规则，还要了解三维几何建模的基本原理。

为了生成 3D 打印所需要的数字模型，需要经历如下三维建模过程：

（1）规定设计对象与用户坐标系的相对位置，建立基准；

（2）创建最简单的线框模型，包络整个设计对象；

（3）设置观察设计对象的视线角度，形成多视窗布局；

（4）运用计算机建模软件的功能，直接生成规则实心体；

（5）调整建模软件的用户坐标系，设置作图基准面；

（6）绘制在特定截面上的平面图线，将其编辑成为平面多段线；

（7）运用软件的拉伸、旋转、放样等功能，用截面图线生成实心体；

（8）运用实心体布尔操作功能，将简单实心体组合成复杂实心体；

（9）对实心体进行各种编辑操作。

第四节

将创意变成数字模型的实例

从确定一个空间点开始，一直到生成完整的实心体模型，用计算机建模软件生成数字模型有相对固定的步骤。研究三维建模的规律有助于缩短摸索阶段，在较短的时间内在自己的工作中运用 3D 打印技术。图 2-8 所示为一个块座零件的设计概念图，希望该零件能够在一个导轨上滑动，并且在规定位置可以用圆柱销固定，这是一种表达设计概念的"想法"。

从"设计概念"发展到"数字模型"需要有一个过程。从设计师角度考虑，关注的是设计对象的形体和尺度。从建模软件操作的可行性考虑，需要遵守的是计算机软件操作规范。我们需要细分自己的想法和要求，按照计算机建模软件可以提供的功能对软件操作过程进行分解：

（1）建立一个作图基准面：最简单的是以建模软件（AutoCAD）世界坐标系（world coordinate system，WCS）的 XY 平面为作图基准面，在这个基准面中绘制平面图形。

（2）确定设计对象位于坐标系中的位置：设置块座零件底面的对称中

心与坐标系的原点重合。当一个设计对象的位置在坐标系中被确定之后，设计对象上所有的点都获得了具体的坐标值。因此，我们有可能使用计算机建模软件的"坐标定点"功能指定这些点，进行平面作图和三维造型。

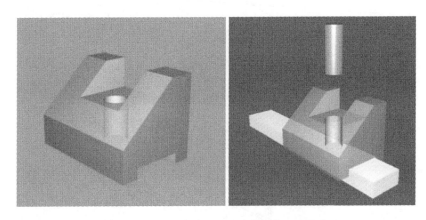

图 2-8　设计一个在导轨上滑动的块座构件（参见书后彩图）

（3）在作图基准面中绘制平面轮廓线：用软件的平面作图功能绘制一个矩形框（图 2-9-1）。用键盘输入操作命令 Rec（简写的命令词）。AutoCAD 软件接下来会要求设计者指定矩形框（斜对角线）上的两个角点。

（4）生成设计对象的外围框架：以位于底部的矩形框为操作对象，用软件的图形复制（Copy）功能生成位于顶面的矩形框（图 2-9-2）。AutoCAD 软件会要求指定沿三个方向（X 轴方向，Y 轴方向，Z 轴方向）的位移量。

（5）改变作图基准面：从原来位于水平面的作图基准面变换成为位于垂直方位的作图基准面。用 AutoCAD 软件的用户坐标系设置功能改变作图基准面，使用的操作命令是 UCS。首先改变坐标系的原点位置，从原来的世界坐标系的原点移动到块座零件框架的一个角点上，该项操作平移用户坐标系。然后是分两次（绕 X 轴旋转 90°，绕 Y 轴旋转 -90°）旋转用户坐标系，最终将用户坐标系的 XY 平面设在块座零件侧面上（图 2-9-3）。

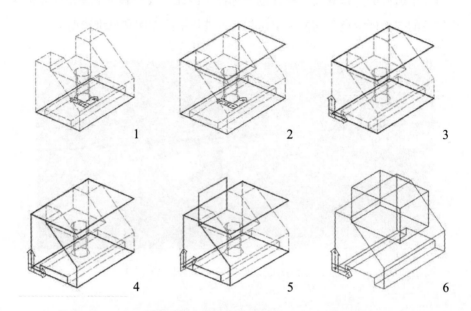

图 2-9　块座零件的三维建模过程（参见书后彩图）

（6）绘制构件侧面轮廓线：在新设置的作图基准面上，用 AutoCAD 软件的平面多段线绘制功能生成若干首尾相连的直线段（图 2-9-4）。使用简写的操作命令词 PL。在这种计算机平面作图的过程中，可以用多种不同的形式指定平面多段线中直线段线的起点和各个端点。第一种是屏幕定点方式（用鼠标左点击的方式指定点）。第二种是捕捉图线特征点方式（由建模软件来自动捕捉图线的端点、中点、圆心点等）。第三种是输入坐标方式（用键盘输入点的坐标值），AutoCAD 软件使用直角坐标系、圆柱坐标系和球坐标系。

（7）根据平面作图的需要，再次改变作图基准面：用 AutoCAD 软件的 UCS 操作命令，在一系列变换用户坐标系的操作选项中，调用绕 Y 轴旋转的选项（Y），将用户坐标系的 XY 平面旋转 -90°，设置到块座零件的背面。

（8）在新的作图基准面中绘制实心体的截面图线：用 AutoCAD 软件提供的绘制矩形框功能，指定矩形框的两个角点，绘出矩形框（图 2-9-5）。

（9）将平面图线转化为实心体：用 AutoCAD 软件的拉伸功能分别生成两个实心体。键入操作命令词 Extrude。第一步将位于侧面的平面多段线拉伸成块座零件的基体；第二步将位于背面的矩形框再生成一个立方体（图 2-9-6）。在拉伸操作中，要指定拉伸操作的厚度值和拔锥角。

（10）实心体布尔相减操作：用键盘输入 AutoCAD 软件的操作命令词 Subtract，进入布尔相减的操作状态。被减的"母体"是块座零件基体，执行相减操作的"工具体"是立方体。所谓布尔相减操作即在作为母体的实心体区域中扣减工具实心体占据的区域。还有两种布尔操作是实心体相加（实心体的合并）和实心体相交（取参加相交操作各实心体区域的共有部分）。作为设计者，人只需要指定布尔操作的类型和布尔操作的对象，余下的数据计算和图形显示的工作都由计算机建模软件自动完成。

（11）将作图基准面恢复到原始状态：在 AutoCAD 软件中，键入操作命令词 UCS，调用 World 选项，令用户坐标系（user coordinate system，UCS）与世界坐标系重合。在 AutoCAD 软件中，有两个坐标系：一个是固定不动的世界坐标系，另一个是可以随时移动和旋转的用户坐标系。

（12）为生成块座零件中的圆孔做准备工作：生成一个圆柱体，在后续操作中将该圆柱体作为实心体布尔操作中的工具体。在 AutoCAD 软件中，键入命令词 Cylinder，进入生成圆柱体的操作状态。指定圆柱体端面的中心（与用户坐标系的原点重合），指定圆柱体的半径和圆柱体高度。

（13）生成块座零件中的圆孔：用实心体布尔操作中的相减（Subtract）功能生成圆孔几何特征。键入 Subtract 命令词进入操作状态以后，用鼠标点击的形式选择块座零件基体作为被减的母体，用输入回车键的形式作为被减母体选择阶段的结束，然后选择圆柱体作为执行相减操作的工具体。

第五节

生成数字模型的计算机软硬件

计算机经常被称为"电脑"。由于人工智能研究的迅速发展，它们在个别领域已经"战胜"了人类，但从本质上讲，计算机还是"机器"，完全是一种根据人类指令进行工作的人造装置，它们不具备像人一样的思维能力。原因是计算机"做"的本领（运算、绘图、数据储存调用）确实高强，但"想"的能力还是不够，对创造性问题的"思考"水平依然不如人类。由于人们对自己大脑的了解有限，这种情况短期内难以改变。

在未来很长的一个阶段内，电脑与人脑的关系，不是"替代"，而是"合作"。我们需要与计算机合理分工，在分工过程中，充分发挥人脑的分析判断能力和创新思维能力，同时也要尽量利用计算机的计算能力和字符图形显示能力。人类需要同计算机互相配合，以人机交互形式，以更快的速度和更高的质量，共同完成工程领域中各种各样的设计任务。

在 20 世纪 50 年代，为了满足航空制造企业和军工生产单位的迫切需要，诞生了 CAD 技术，人们逐步放弃手工绘图，开始利用计算机和图形设备帮助自己从事各种设计工作。CAD 是一种人与计算机共同参与的过程。设计师提供的是自己的经验和创新思维能力、构想出的初步设计概念以及几何建模的具体步骤。计算机提供的是高速运算功能、精确的屏幕显示功能、巨量的数据储存和调用功能。CAD 技术已经被广泛应用到机械设计、建筑设计、室内装潢、工艺美术、服装设计等多个领域，大大提高了设计效率。

在信息检索型设计系统中，已经定型的产品数据信息被存入计算机中的数据库，只要输入需要的规格参数，系统就会自动检索和打印输出所需要的标准图形。在人机交互型设计系统中，设计者确定设计模型，输入操作指令。软件通过资料检索和数据运算用草图或标准图在屏幕中显示该模型，设计者根据已有的经验对其进行分析，对图形进行实时修改，计算机随即做出响应，变更显示。在智能设计系统中，程序中已经预先用数据形式保存了某个领域中大量专家的知识与经验。计算机软件可以模拟人类专家的思考决策过程，提供最佳的设计方案或者是方案评估结果。

使用计算机不能仅仅有设备硬件（hardware），它还需要有软件（software）。软件是用程序代码（code）形式展现的一组程序指令（instruction）。软件"指挥"硬件，只有当硬件和软件结合起来工作时，计算机才会具备我们需要的数值计算、图形显示、数据储存和数据调用、输入输出等一系列功能，计算机才能辅助人类完成各项工程设计任务。

第一种计算机软件是操作系统（operating system）。操作系统是计算机系统的核心软件，它提供管理计算机硬件和软件资源的功能。操作系统组织计算机的工作流程，提供作业管理（任务、界面管理、人机交互等）、文件管理、存储管理、设备管理、进程管理等多项功能。贝尔实验室（Bell Labs）开发的 NUIX，微软（Microsoft）公司开发的 Windows，苹果（Apple）公司开发的 OS X 和 iOS，免费和开源的 Linux 都属于操作系统。

第二种计算机软件是应用程序（application program），应用程序是指针对用户某种应用目的所编写的程序。我们阅读互联网中网页的浏览器，进行文字输入和编辑的 Word，处理表格数据的 Excel，展示图文信息的 PowerPoint，编辑图像文件的 PhotoShop 等，都是计算机应用程序。

在种类繁多的计算机应用程序中，有一种专门用于三维建模的软件（有时还被称为造型软件或者是图形软件），它们的任务是生成代表几何形体的数字模型。建模软件可以被视为是生产和修改数字模型的一种"平台"。

目前已知的计算机建模软件已多达数十种。第一大类是简单易用型的建模软件，例如 123D Design 软件、TinkerCAD 软件、SketchUP 软件等。它们的特点是入门容易，但功能有限，仅仅适合满足个人的兴趣爱好。

第二大类是专业型建模软件，例如 Pro/E 软件、CATIA 软件、UG 软件。它们的特点是功能齐全强大，配有第三方开发的各种功能库，宜用于产品开发，适合设计工程师使用。这一类软件的操作规则多并且复杂。

介于简单易用型与专业型之间的是中级建模软件，例如 Rhino 软件、AutoCAD 软件（图 2-10）、3DS MAX 软件、Maya 软件和 SolidWorks 软件。选用建模软件的原则是先易后难，先从简单易用型建模软件入手，慢慢熟悉三维建模的基本概念，逐渐了解建模软件的操作规律。在积蓄了足够经验之后，再开始接触更高级别的建模软件。另外，还要考虑建模任务的实际需要。

我们学习计算机建模软件的操作需要遵循由浅入深的原则。第一步是理解建模软件的用户界面，在用户界面中含有许多文字和图案信息。第二步是知道如何进入特定的操作状态，只有顺利地进入操作状态后，才能开始下一阶段的选择操作对象，指定图线中的点，输入数值等一系列的具体操作。第三步是明白建模软件用什么形式向我们发出操作提示。第四步是学会如何将自己的决定"告诉"计算机建模软件。当出现与预想结果不一致的情况时，懂得如何消除人与计算机建模软件之间的"误解"。图 2-11 所示为 AutoCAD 2018 软件中的选项设置对话框。

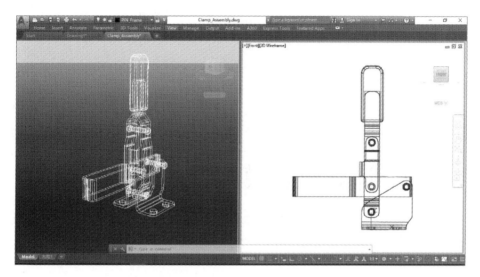

图 2-10　AutoCAD 2018 软件的用户界面

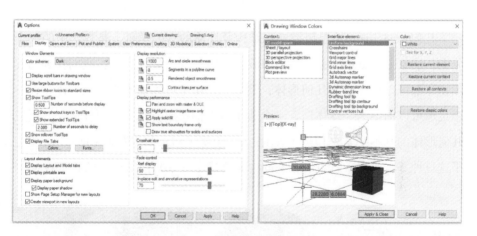

图 2-11　AutoCAD 2018 软件中的选项设置对话框

第六节

计算机建模软件的基本工作原理

　　几何（geometry）是研究空间结构及性质的一门学科，是数学中的一个分支。抽象（abstract）是一种对事物共性特征的简化和提炼，我们看到的实际物体都可以抽象成为几何形体，例如一个箱子可以抽象为"立方体"，一个足球可以抽象为"球体"，一个瓶子可以抽象成若干个"圆柱体"。组成几何形体的基本要素是顶点（vertex）、边缘（edge）和表面（face）。指定了这三种基本要素，就可以在空间中完全确定一个几何形体（图2-12）。

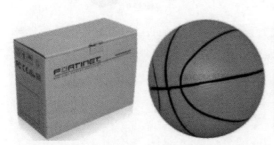

图2-12　真实物体与抽象出的几何形体

计算机建模软件使用三维造型技术生成几何形体，是用"数据"表示"形状"，用一组规定格式的数据来表示位于空间的一个几何形体[4]。例如，可以用斜对角线上的两个端点来定义一个立方体，用表示顶点 i 和顶点 j 坐标的六个实数（X_i，Y_i，Z_i；X_j，Y_j，Z_j）来表示一个边长平行于坐标轴的立方体。三维几何建模是计算机图形学的组成部分。计算机图形学研究与图形有关的原理与算法、计算、处理和显示图形数据。

在计算机三维建模的过程中，一个几何模型的建立是操作软件的人与建模软件共同协作的结果。用 AutoCAD 建模软件生成一个立方体时，设计人员输入一条命令（Box）。软件在接收到这条命令后，执行流程就被跳转到生成立方体的程序模块。描述一个立方体的数据结构是六个变量。当建模软件要求指定立方体的顶点时，其实质就是要求我们对这六个变量设定数值。设计人员用规定格式指定的第一个点（first corner）决定了前三个变量的数值，立方体的边长平行于坐标轴。指定的第二个点（other corner）决定了后三个变量的数值。立方体的其余顶点位置以及六个边界面都可用这六个变量计算得出。创建几何模型的操作实质上就是对软件中的指定变量进行赋值和计算，生成一组创建几何形体所需的数据。

当三维建模完成后，用数据结构表示的"几何形体"是可以改变的。它们的"形状"和"位置"都可以通过数据运算进行修改。当立方体顶点 i 和顶点 j 的 X 坐标值都被增加一个相同的正数以后，立方体就会沿坐标系的 X 轴正方向移动一段距离。当投影矢量的坐标分量被加到两个顶点的坐标值上后，立方体的位置就会从矢量的起点移动到矢量的终点。当顶点 i 和顶点 j 的坐标值都乘以一个小于 1 的系数以后，立方体就会发生缩小变形。当顶点 i 和顶点 j 的坐标值被乘以一个旋转变换矩阵以后，立方体就会旋转一个角度。当我们在建模软件中用键盘和鼠标操作来修改几何模型的时候，实质上就是在计算机建模软件的内部改变一些变量的数值。

现实世界中的所有物体都是在空间占据一定的区域，具有 X，Y，Z 三个维度，所以在三维几何建模过程中形成的数据也有 X、Y、Z 三个坐标分量。为了在计算机屏幕上显示几何形体，必须将这些数据转换成为只有 X 和 Y 两个维度。计算机图形学提供了投影算法，可以将一个位于空间形体上的顶点和边线投射到一个平面上。运用投影计算，我们就能够用计算机屏幕中像素点的亮度和色彩显示出具有立体感的几何形体。

计算机显示图线的功能与它的屏幕构造有关。在计算机屏幕中有纵横紧密排列的小点，这些会发光的点被称为像素（pixel）。像素是屏幕图案的最小组成单位，决定屏幕显示内容的是一个个像素点的亮度和色彩。我们用屏幕坐标系（screen coordinate system，SCS）指定像素在屏幕中的位置，该坐标系的原点（origin）位于屏幕左上角。像素点的水平左右位置用"列"（colum）表示，像素点的垂直高低位置用"行"（row）表示。

如果计算机屏幕为液晶显示屏（liquid crystal display，LCD），每一个像素点中有液晶分子。液晶分子的排列受输入到液晶显示屏的电信号控制，输入的电信号改变液晶分子的透光性能，呈现有选择性的光散射。如果是彩色液晶显示屏，每个像素点又被分解成三个子像素点（sub-pixel），分别透过各自的彩色滤光片显示红、绿、蓝三种原色，然后混合成特定色彩。用计算机显示图形的关键是要提供屏幕中每一个像素点的显示数据。

计算机屏幕显示各种图线的功能不仅与计算机硬件有关，而且还与在计算机硬件中运行的软件有关。掌控大多数个人计算机运行状态的是 Windows 操作系统。运行 Windows 需要调用其内部的应用程序接口（application program interface，API）函数。开发 Windows 操作系统的微软公司在微软开发者网络（microsoft developer network，MSDN）上公开了 API 函数的接口原型和调用方法。只要你检索到并且理解了 API 函数的信息，都可以在自己开发的应用程序中调用这些现成的 API 函数（例如图 2-13 列举的绘直线函数），实现各种需要的程序功能，其中包括在屏幕中绘制点、直线、整圆、圆弧等图形要素。调用 API 绘图函数的结果，是改变屏幕中指定行和列上像素点的亮度和色彩。

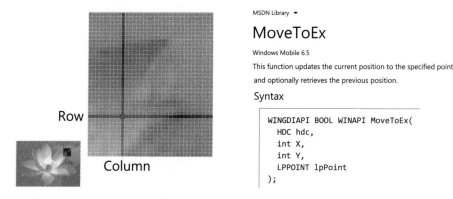

图 2-13　计算机屏幕中的像素与 Windows API 绘直线函数（参见书后彩图）

　　在计算机屏幕上显示图形需要数据。这些图形数据来自建模软件所使用的算法（algorithm）。算法是对问题解决方案的准确完整描述，是建模软件中的核心部分。算法由一系列具体的步骤组成，根据输入的数据得到输出的结果。通过执行算法，我们得到了调用 API 绘图函数所需要的接口参数，比如说一个点的屏幕坐标，直线的起点和终点坐标，圆的圆心坐标和半径值，一段圆弧的中心、半径、起始角和终止角。这些算法来自计算机图形学的研究成果，涉及三维几何建模中的多个数学模型。

　　在计算机辅助设计的过程中，显示在屏幕上的几何模型代表设计对象。计算机建模软件是设计工具，它们用直观形象的形式表示人的设计构想。各种建模软件的复杂程度相差悬殊，适用的范围也大不一样，但是它们的作用和本质是相同的。建模软件将设计师头脑中的想法转换成为电子形态的展示，把设计方案中的形体和数据转化成为屏幕上显示的图形和计算机数据文件。在人机交互的过程中，帮助人们更清晰、更准确、更迅速地表现自己的创新思维，这些有助于提高设计的质量和效率。

第三章

"数字模型"如何变成
"实物样品"

第一节

计算机图形文件

在表达创意的设计阶段，我们用图形文件保存数字模型。计算机三维几何建模生成的图形文件记录了设计对象的形状和尺度。但是图形文件不能直接用于 3D 打印制造，原因是图形文件中的内容是表示形状和尺度的数据，而 3D 打印机需要得到的是控制电动机旋转的驱动指令。因此在实现创意的制造阶段，我们的主要工作是转换计算机文件的格式，将设计阶段生成的图形文件转换成为制造阶段需要的加工设备驱动指令文件。

建模软件提供图形文件管理功能。当设计完成以后，用鼠标左点击软件界面主菜单中的"保存"选项（图 3-1 左），在对话框中指定图形文件格式（图 3-1 右），在鼠标点击对话框内的 Save（保存）按钮后，当前所有图形就全部被保存到指定格式的图形文件中。图形文件储存在计算机内存或磁盘空间中。在需要时，可以在建模软件中打开图形文件进行修改。

每一种计算机建模软件都有自己特定的图形文件格式。CAXA 软件使用的是 EXB 格式文件，123D Design 软件使用 123DX 格式文件，Rhino 软件使用 3DM 格式文件，3DS MAX 软件使用 MAX 格式文件，Maya 软件使用 MA 或 MB 格式文件，Pro/E 软件使用 PROE 格式文件，CATIA 软件的模型文件使用 MODEL 格式文件，UG 软件的部件文件使用 PRT 格式文件。

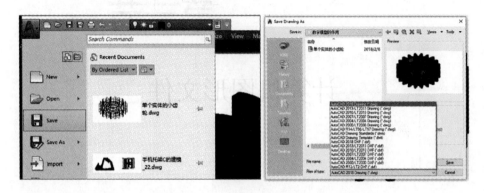

图 3-1　在 AutoCAD 2018 软件中保存 DWG 图形文件

第二节

生成 STL 格式的图形文件

　　STL 文件是特殊格式的图形文件，它的基本单位是三角面片（triangulated surface）。STL 文件用许许多多的三角面片包络一个几何形体，用三角面片的集合表示几何形体。STL 文件记录的数据是各个三角面片顶点（vertex）和法线（normal）的数据。STL 文件最初由 Albert Consulting Group 在 1987年为美国 3D Systems 公司开发，用于该公司推出的第一台商用 3D 打印机，该打印机使用了立体光固化成形原理。

　　在 AutoCAD 软件中，STL 图形文件来自对 DWG 格式图形文件的转换。在三维建模结束以后，需用键盘向命令输入行输入字符串"STLOUT"和回车键，进入输出 STL 文件的操作状态。先要用鼠标左点击形式选择一个需要转换的实心体，然后决定 STL 文件的类别（文本类型或二进制类型），最后指定存储文件夹和 STL 文件的名称（图 3-2）。在 AutoCAD 软件的早期版本中，被选作 STL 输出的图形对象必须位于坐标系的第一象限，否则会出错。

Command:
建模软件在等待使用者输入操作命令

Command: STLOUT
建模软件确认：使用者键入了保存STL文件的操作命令

Select solids or watertight meshes:
建模软件在进一步提示：需要选择被转换的图形对象

Select solids or watertight meshes: 1 found
建模软件确认：使用者已经选择了一个图形对象

STLOUT Create a binary STL file?
建模软件要求使用者指定STL文件的类型（是否是二进制格式）

图 3-2　AutoCAD 2018 软件生成 STL 文件时的人机交互过程（参见书后彩图）

　　生成 STL 图形文件是 3D 打印过程中的一个必要环节。为了使 3D 打印机正常工作，必须输入驱动其运动的指令文件。要得到指令文件必须要进行切片（slicing）处理。切片处理的对象只可以是 STL 图形文件，不能是其他格式的图形文件。AutoCAD 软件生成的 DWG 格式图形文件不能直接用于切片处理，原因是执行切片处理的计算机程序无法识别 DWG 图形文件。DWG 格式的图形文件要用 AutoCAD 软件提供的功能转换成为 STL 文件。

　　为了能够进行切片处理，STL 文件用三角面片表示几何形体。根据 STL 文件格式的规定，被转换几何形体的每个表面（face）都要被分割成三角面片。在立方形体的表面上分布了 12 个三角面片（图 3-3 左）。在含有曲面的形体表面上会分布更多数目的三角面片（图 3-3 右）。STL 文件具有不同的精度，STL 文件的精度指标表现为三角面片对曲面体的包络近似程度。STL 文件的精度越高，三角面片越小，三角面片的个数越多，包络体形状越接近原始形体，转换误差越小。反之，STL 文件精度越低，三角面片越大，三角面片个数越少，从 DWG 文件转换为 STL 文件的误差越大。

　　STL 图形文件使用的三角面片是由空间三个顶点确定的小平面。每个三角面片有表示其方位指向的法线，从形体内部指向形体外部的法线为外法线。外法线是一个位于空间的矢量（vector），矢量在空间直角坐标系的三个坐标轴上都会有投影分量。STL 图形文件记录了每个三角面片的外法线在坐标轴上的投影分量（在图 3-4 左中，表示为 n_i、n_j、n_k），还记录了三角面片中三个顶点的坐标值（在图中位于字符 vertex 后的三个分量）。

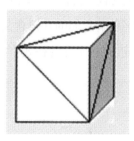  

图 3-3　STL 文件中包络几何形体的三角面片

```
                                    solid AutoCAD

facet normal n_i n_j n_k              facet normal -9.9741426e-001 -6.0241599e-002 3.9188513e-002
  outer loop
    vertex v1_X v1_Y v1_Z               outer loop
    vertex v2_X v2_Y v2_Z                 vertex 1.1917073e+002 1.2098771e+002 1.6359723e+002
    vertex v3_X v3_Y v3_Z
  endloop                                 vertex 1.1884467e+002 1.2484826e+002 1.6123309e+002
endfacet
                                          vertex 1.1898577e+002 1.2098771e+002 1.5888969e+002

                                        endloop
```

图 3-4　文本形式的 STL 图形文件格式和实例

　　从 DWG 图形文件转换成用 STL 格式表示的图形文件，存在转换精度问题。AutoCAD 软件决定 STL 文件精度的系统变量是 FACETRES。在软件的等待命令状态下键入字符串"FACETRES"，进入设置该系统变量的操作状态。要按照 3D 打印精度的要求和 STL 文件的大小限制，输入一个小于 10

的整数或浮点数。系统变量 FACETRES 的值越小，转换精度越低，三角面片包络体表面越粗糙，但 STL 文件数据量也越小。当输入整数 10 时，转换精度最高，三角面片包络体最接近原始几何形体，STL 文件的数据量最大。

STL 图形文件的记录格式分为 ASCII 码格式和二进制（Binary）格式（图3-5）。ASCII 码格式的 STL 图形文件数据量比较大，用文本编辑应用程序打开后，可以理解其中的字符和数据。二进制格式的 STL 文件比较紧凑，但文件中只有 0 或 1 两种数字，不容易根据二进制数字理解它们的几何含义。在 AutoCAD 软件中生成 STL 文件时，软件会要求指定 STL 文件的格式。

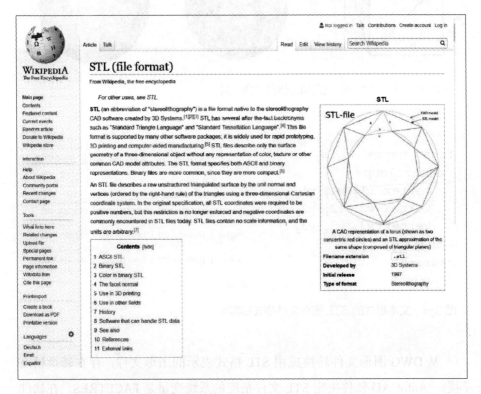

图 3-5　在维基百科中介绍的 STL 文件

第三节

对数字模型进行切片处理

　　所谓切片（slicing）处理就是分割，用一个逐渐升高的水平面对整个几何形体进行层层分割，将一个整体变换成为若干个互相叠加的薄片体，然后根据薄片体的边缘轮廓生成 3D 打印头的运动轨迹（图 3-6）。在切片处理完成后，切片软件自动生成一个驱动 3D 打印机的 G 指令文件。实施切片的是切片软件（slicing software）。切片软件由 3D 打印机制造厂商提供。

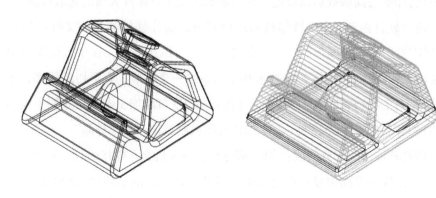

图 3-6　对实心体模型进行切片处理

在切片处理过程中，水平位置的剖切平面与贴附在几何形体表面上的三角面片相交，运用三维空间中两个平面截交线的计算公式，可以得到一系列截交线的端点。切片软件按照一定的关联规则，将这些截交线端点排序并组成回路，构成当前平面上薄片体的截面轮廓，然后在截面中划分连通区域，在各连通区域中，按照给出的 3D 打印密度参数，生成迂回曲折的 3D 打印头移动轨迹（图 3-7）。切片软件据此生成 G 指令驱动文件。

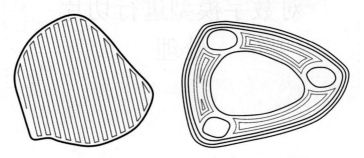

图 3-7　切片软件计算出的 3D 打印头移动轨迹（参见书后彩图）

切片处理按固定规律进行。当前平面上的切片处理过程结束之后，剖切平面会上升一段微小距离。在新的高度平面上，切片软件开始下一轮的切片处理。剖切平面上升的距离就是薄片体的厚度，操作者在切片软件中可以用 3D 打印的层高参数加以设定。层高参数决定了打印件表面的光滑程度。

切片软件由制造 3D 打印机的厂商开发，切片软件的安装文件可以在 3D 打印机厂商的官网下载，我们的任务是进行解压安装。在个人计算机中安装切片软件是运用 3D 打印技术必不可少的一个环节。有了切片软件，才能对 STL 图形文件进行切片处理，才能设置 3D 打印加工参数，才能生成驱动 3D 打印机的 G 指令文件，驱动 3D 打印机制造出"实物样品"。

切片软件由两部分组成：第一部分是实现人机交互操作的程序界面（图 3-8），在程序界面中显示被打印的三维几何模型，演示切片处理的过程，显示各个输入 3D 打印加工参数的对话框，程序界面部分由各厂商自行开发。第二部分是执行切片计算处理的内核引擎，它们是切片软件性能的核心。

部分切片软件的内核引擎源代码在互联网有关网站中可免费获得。互联网上有专门托管开源程序代码的网站（http://github.com/），提供基本的网页管理界面、代码仓库托管、订阅、讨论组、在线文件编辑器、代码片段分享等服务功能，程序开发者在该网站中可以获得海量的程序源代码。

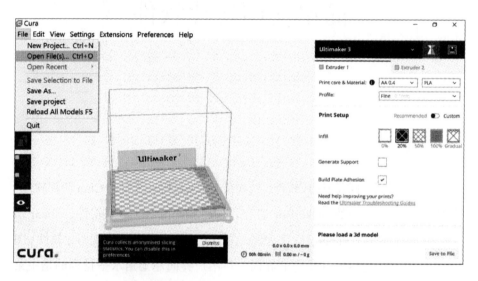

图 3-8　Cura 切片软件的人机交互界面

第四节

简单使用切片软件

目前有多个可用的切片软件，例如荷兰 Ultimaker 公司的 Cura 切片软件、美国 Makerbot 公司的 MakerBot 切片软件、Simplify3D 切片软件、Slic3r 切片软件等。以磐纹（Pango）软件为例，在个人计算机中进入磐纹切片软件（图 3-9）以后，首先接触的是它的界面。在用户界面左上角水平排列的是主菜单中五个选项，在菜单下方是显示被打印模型的区域，在右边侧垂直排列的是若干个常用操作按钮。在切片软件中需要完成的第一个操作是"载入模型"，该项操作的实质是打开一个 STL 文件，在屏幕中显示出要打印的几何模型。

当模型被载入到切片软件以后，可以调整几何模型在屏幕中的显示状态。用鼠标左点击模型后，可以将模型连同工作台面一起拖动。用鼠标右点击模型后，可以改变观察模型的视线角度。切片软件还提供平移、旋转和缩放模型的功能（图 3-10）。在这三种操作中，工作台面均保持固定不动。在进入移动模型的操作状态后，用鼠标以点击 - 拖动的方式改变模型在工作台面上的位置。在屏幕右下角会显示模型位置的坐标值。

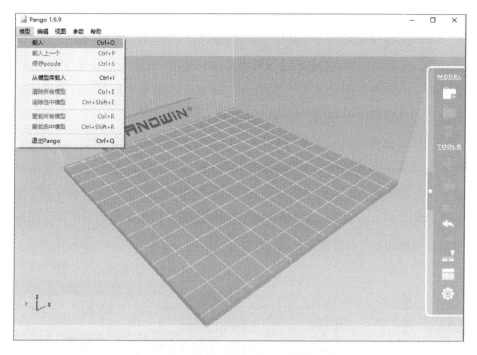

图 3-9　磐纹切片软件 1.9.9 的用户界面

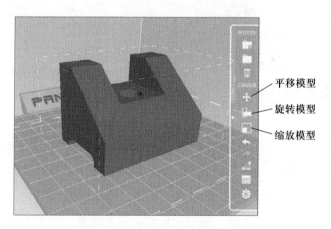

图 3-10　在切片软件中变换被打印几何模型的位置

进入旋转模型的操作状态后，随着鼠标移动改变光标位置，在模型上会显示不同的旋转轴图标。当需要的旋转轴图标出现之后，用鼠标滚轮驱动模型旋转，在屏幕右下角会显示表示模型的旋转角度。在进入缩放操作状态后，会出现一个缩放操作对话框，可以分别修改各个坐标轴方向上的比例系数或长度尺寸。对话框中有锁定各轴同步缩放的勾选框。

当模型位置被确定之后，可以进入设置加工参数的阶段（图3-11左）。比较重要的是切片处理中的层高参数和3D打印头的移动速度参数（图3-11右上）、打印件表皮厚度的参数、打印件内部材料疏密程度的充填率参数（图3-11右中）、3D打印头对丝状材料加热的温度值（图3-11右下）。在切片软件中设置的加工参数都会作为G指令文件中的一部分来控制打印操作过程。

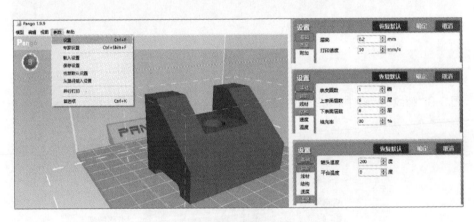

图 3-11　在切片软件中设置 3D 打印的加工参数

切片软件提供分层预览功能，用计算机图形仿真的形式显示3D打印过程。为此要先在软件用户界面右侧列出的操作按钮中，选择"查看分层"按钮（图3-12左）。然后在模型显示区左侧，用鼠标拖动滚动条上的滑块，升高或降低当前的加工平面，模型的形状会随之改变（图3-12右）。

如果3D打印加工参数设置完毕，并且用切片软件分层预览功能观察到的加工过程完全正常，在切片软件中的操作就进入生成G指令文件的阶段。第一种方法是在用户界面右侧列出的操作按钮中，用鼠标选择点击第二个"保存pcode文件"按钮，用英文设置G指令文件的文件名，指定保存G指令文件的文件夹（图3-13）。第二种方法是选择主菜单中的"保存pcode"选项。

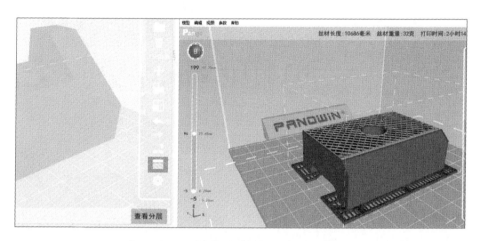

图3-12　在切片软件中预览3D打印的过程（参见书后彩图）

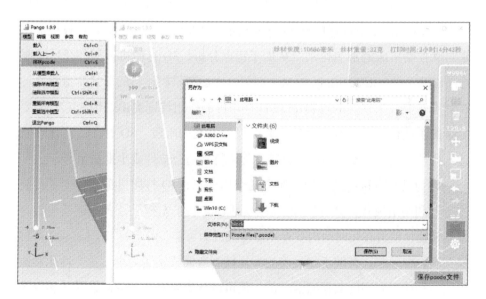

图3-13　在切片软件中生成3D打印需要的G指令文件

第五节

3D 打印设备

　　从本质上讲，3D 打印机是一种加工设备，它按照设计要求，把原材料加工成为我们需要的实物成品（图 3-14）。从控制类别判断，3D 打印机是一种数控机床（numerical control machine，NCM），它通过运行计算机程序来自动控制机床的加工运动。从加工特点分析，3D 打印机采用的是增材制造（additive manufacturing，AM）工艺，用逐渐累积材料的形式制造物件。在创意转变成为现实的过程中，3D 打印机的作用特别突出，因为它不需要复杂的工装模具，尤其适合反复修改设计方案的阶段。3D 打印工艺能够制造出各种常规加工难以制造的特殊零件，特别适合单件或小批量生产。

　　因为具有直接制造和快速制造的突出优点，3D 打印机深刻改变了传统的设计和制造模式。3D 打印的高度灵活性有利于发挥设计者的创新思维，它的便捷性使得在短时间内获得原型样机成为可能。3D 打印将"信息"和"材料"融合在一起，有助于将目前的大规模制造模式转变为小批量个性化制造模式，利用互联网的数据通信功能，还可以从集聚在一地的制造模式转变为异地分布式制造模式，创造出更有效率的联合生产形式。

图 3-14　两种桌面型 3D 打印机（参见书后彩图）

　　3D 打印运用数字化手段，可辅助技术人员设计和制作出新产品。在中小学的科技教育方面，3D 打印技术也提供了一种理想的设计和制造手段，它提供了这样一种途径：学生与教师的想法可以很快变成实物，这些实物又可以帮助人们产生更多、更好的想法。与 3D 打印有关的学科涉及材料研究、机械制造、电机驱动、计算机程序控制、计算机三维几何建模等多个领域。从 3D 打印工艺研究，3D 打印设备开发制造，一直到 3D 打印材料的供应，已经形成了一个巨大的产业圈。

第六节

用 3D 打印机制作
实物样品

　　3D 打印机运用层层堆叠的加工形式，可以制造出形状多变的实物制品（图 3-15），其中最有意义的是制造实物样机，用相对低的成本、明显缩短的时间制造出表现设计构思的产品原型。通过 3D 打印，技术人员在产品的最初设计阶段，就可以"看到"产品的最终形态，就能够"观察"到产品的工作过程。这些对于评价最初的设计构想，对于完善设计方案都有很重要的实际意义。对于鼓励中小学生创新设想同样具有促进作用。

　　为了用 3D 打印机加工出实物，必须向 3D 打印机输入驱动指令文件，驱动指令文件按照 G 指令格式编写（图 3-16）。G 指令的作用是驱动 3D 打印机中的步进电机，控制步进电机的旋转方向、旋转角度和旋转速度，从而控制 3D 打印机中 3D 打印头的运动，控制 3D 打印头与工作台的相对位置变化，同时也控制丝状材料从 3D 打印头喷嘴中挤出的速度。

　　在 G 指令文件生成后，我们需要复制文件，将 G 指令文件从个人计算机传输到 3D 打印机。可以采用的方法是将 SD 卡插入个人计算机的专用插槽内，或者使用读卡器，用复制文件的形式将 G 指令文件储存在 SD 卡中。然后将 SD 卡插入到 3D 打印机控制板插口内，在数据层面做好准备。

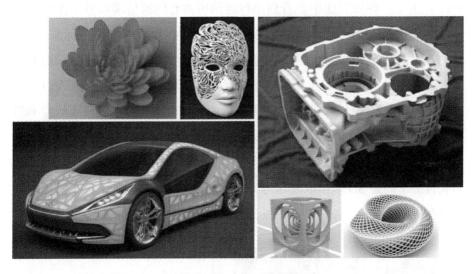

图 3-15　用 3D 打印机加工出的实物成品（参见书后彩图）

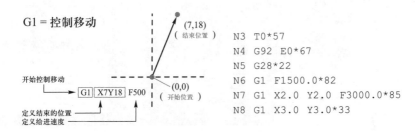

图 3-16　G 指令格式与 G 指令代码

除了生成 G 指令文件以外，切片软件的第二种功能是控制 3D 打印机，启动 3D 打印机内的控制系统读取储存在 SD 卡中的 G 指令文件，执行 3D 打印制造实物样品的操作。为此要保证 3D 打印机已经正常通电，要确认个人计算机与 3D 打印机已经用 USB 数据线连接，在硬件层面做好准备。

在执行打印操作之前，我们还需要在软件层面进行核查。在磐纹切片软件中，用菜单选项"视图"→"控制台"进入控制 3D 打印机的操作界面（图 3-17 左上）。在该界面中要看到串行通信所占有的通信端口号（在图中是"COM5"），这是个人计算机与 3D 打印机之间串行通信正常的标志。

在控制台界面中点击"控制面板"按钮后，在串行通信正常的前提下，可以调出控制 3D 打印机工作的程序界面（图 3-17 右下）。用鼠标左点击其中的矩形块图标，使 3D 打印机进入原始的复位状态。在控制面板的左半部分还有若干个箭头图标，用鼠标点击这些图标以后可以点动控制 3D 打印机上的三个直动单元，在 X 轴、Y 轴、Z 轴方向产生短距离移动。在界面右下角底行显示的是 SD 卡读取成功与否的标识。在界面右上方是三个操作按钮（启动打印的按钮、停止打印的按钮和加热 3D 打印头的按钮）。

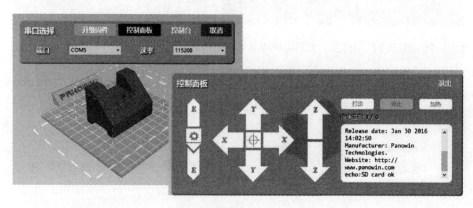

图 3-17　在磐纹切片软件中控制 3D 打印机

为了执行 3D 打印操作，首先需要作为打印加工原材料的塑料丝（3D 打印材料中的一种）在端部处于熔融状态。为此要用鼠标点击控制面板中的"加热"按钮，通知控制系统对 3D 打印头内的电热器件通电。然后通过屏幕观察 3D 打印头的温度实测值。当温度逐步上升至 200℃左右时，检查丝状材料在 3D 打印头管道内滑动流出的通畅程度。丝状材料的供给是否顺畅对丝状材料的加热状态相当重要。

当所有的准备工作（存有 G 指令文件的 SD 卡插入 3D 打印机控制板，个人计算机与 3D 打印机建立串行通信，丝状材料在 3D 打印头内的加热移动情况正常）都做好以后，用鼠标左点击切片软件的 3D 打印机控制界面中的"打印"按钮，这时会弹出一个执行打印操作的对话框。我们需要用鼠标点击的方式，在它的列表中选择位于 SD 卡内的一个 G 指令文件，然后用鼠标左点击对话框右下角的"确认"按钮，开始 3D 打印实物样品的操作。

在启动 3D 打印操作以后，3D 打印机中的计算机控制系统开始工作。运行在微控制器内的固件程序读出和解析 G 指令文件中的运动控制数据，然后向放大电路发出信号，驱动各个运动轴单元内的步进电机带动螺杆旋转，通过螺杆螺母传动，驱动嵌套螺母的滑块沿导轨移动。各运动轴单元的协调运动改变了 3D 打印头相对于工作台面的位置，保证 3D 打印头实施涂敷加工，使从 3D 打印头喷嘴中流出的熔融状材料凝结在打印件截面上，通过层层堆叠，最终形成完整的成品（图 3-18）。通过 3D 打印制造过程，可完成从"数据"到"形体"的转变，完成从"数字模型"到"实物样品"的转变。

图 3-18　启动 3D 打印机制造实物样品的结果（参见书后彩图）

第四章

计算机三维建模入门

第一节

了解建模软件的界面
与功能

　　用户界面（user interface，UI）是软件与软件使用者之间的接口，也是计算机系统与人交流信息的渠道（图4-1）。为了用建模软件生成表现创意的几何模型，首先要熟悉建模软件的用户界面，了解用户界面中各种视觉元素的含义。计算机软件通过它的用户界面传达操作提示信息。我们需要通过观察用户界面来了解建模软件的功能，通过分析用户界面的变化来学习建模软件的操作规则，了解建模软件用户界面是学习创意设计的第一步[5-8]。

　　计算机软件的用户界面由窗体（Form）和位于窗体内的各种控件（Control）组成。最常见的控件是显示字符信息的文字标签（Label），鼠标点击后进入下一个操作阶段的按钮（Button），用多个选项提供若干种操作可能性的菜单（Menu），可以输入数字和字符的文本盒（Text Box），显示一组界面元素的对话框（Dialog Box）等。计算机软件通过它的用户界面向操作者发布状态信息，操作者通过界面中的各种控件向软件传达操作要求。计算机软件在屏幕中显示的用户界面是"人"与"计算机"之间的信息交流渠道。

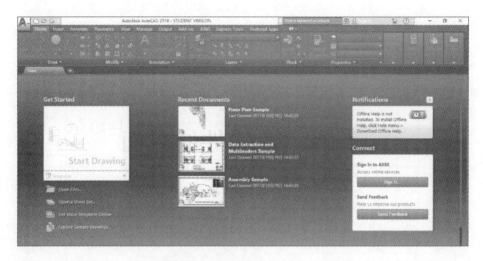

图 4-1　AutoCAD 2018 软件的用户界面

计算机建模软件所处的状态是一个重要问题。在不同的操作状态，操作者需要做出完全不同的反应。用户界面用各种形式告知操作者重要情况：目前软件处于什么状态，当前的操作进行到哪一个阶段，建模软件如何判断使用者刚刚输入的内容，当前操作是否已经出现错误。理解了用户界面中文字、图案、图线所反映的信息，建立几何模型的工作就会很顺利。不理解甚至不关心建模软件的种种细微反应，三维建模工作就会变得十分困难。

如果要求 AutoCAD 2007 软件进入绘制圆弧的操作状态，可以使用菜单选择序列（图 4-2）。根据主菜单中的选项排列，我们可以了解该软件有哪几大类操作，在选中的"绘图"大类中提供哪些操作功能，其中第一项"建模"表示后续操作都与三维几何建模有关。"绘图"大类中的其余选项与平面作图的操作有关。在"绘图"大类中选定的绘制圆弧操作又有近十种不同的实现模式，目前操作者准备选择的是过三点绘圆弧模式（通过指定圆弧的起点、中间点和终点绘出圆弧）。从这三个层次的菜单排列中，我们可以理解用户界面中菜单的作用，以及菜单选项结构所表现的逻辑关系。

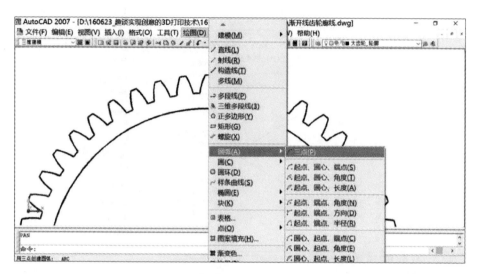

图 4-2　AutoCAD 2007 软件的用户界面

　　当使用选择菜单选项的方式进入操作状态时，我们不能仅仅考虑自己需要的功能，而是要多多关注建模软件目前可以提供的功能。软件使用者能够用鼠标点击的仅仅是位于菜单中的选项，选择的范围只能是计算机建模软件规定的那个范围，超出这个范围的操作要求是不可能得到回应的。

　　AutoCAD 2007 软件的拉伸（Extrude）操作将平面图线转化为板块状的实心体。为了进入 AutoCAD 2007 软件的拉伸操作状态，首先要在它的顶栏菜单（主菜单）中用鼠标左点击"绘图"大类选项，接下来在展开的选项列表中选择"建模"，最后在展开的条目中选择"拉伸"（图 4-3）。

　　在进入拉伸操作状态以后，我们要把自己的要求"告诉"建模软件：对哪几个图形对象进行拉伸操作，这涉及选择（Select）问题。用什么形式进行拉伸操作，这涉及参数设置问题，其中拉伸高度（Height）决定了拉伸形成的实心板块厚度，拉伸拔锥角（Tap Angle）决定了在拉伸过程中是否要缩小或放大截面图形，以及用什么样的比例进行缩放。

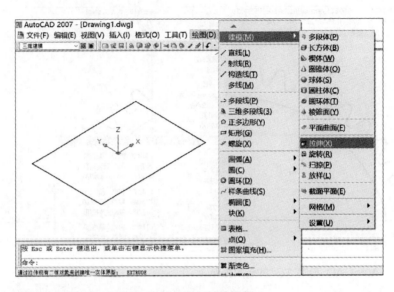

图 4-3　用 AutoCAD 2007 软件进行拉伸操作

　　拉伸平面图线的具体操作是：① 用鼠标左点击图像边缘方式在软件图形区选择被拉伸的图线对象；② 用输入回车键的形式结束选择；③ 读取建模软件在底部显示的操作提示，判断有几种可以设置的参数，如果有必要，用键入选项首字母的形式调出某一项设置进行修改；④ 输入拉伸的厚度值；⑤ 用输入回车键的形式接受拉伸拔模角度为零的设置，或者是输入一个不为零的角度值，最后用键入回车键表示输入完毕，整个拉伸操作结束。

第二节

进入操作状态

在计算机建模软件中，为了完成一种操作，我们要进入指定的操作状态。例如，为了绘出一个圆，需要进入绘制圆的操作状态。为了生成一个立方体，需要进入生成立方体的操作状态。在 AutoCAD 2018 软件中，第一种进入操作状态的方式是点击位于用户界面上方的按钮（图 4-4 上），随即进入新的操作状态。例如：点击"Polyline"按钮后，进入绘制平面多段线的操作状态。第二种方式是用键盘输入代表操作命令词的字符串。

AutoCAD 软件 2018 版本的用户界面底部有一个命令输入栏（图 4-4 下），这是很重要的人机交互通道。如果在该栏中显示的字符串是"Type a command"，表示软件已经结束了前一个操作阶段，正在等待外界输入新的操作命令。在这种情况下，我们可以先用鼠标左点击这个命令输入栏，使栏中只显示一个闪烁的竖线符号，这表示它已经成为接收输入的"焦点控件"。然后用键盘输入新的操作命令词，按回车键结束输入。如果在该栏中显示的是其他字符，表示软件当前正处于某项操作的执行阶段，不允许再输入新的操作命令。这时候正确的操作方法是按键盘左上角的 ESC 键，它的作用是中止当前操作。等到软件返回等待输入命令的状态以后，再输入新的操作命令词，这种规定适用于 AutoCAD 软件的所有版本。

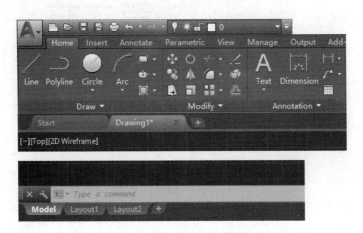

图 4-4　AutoCAD 2018 软件的部分用户界面

进入 AutoCAD 软件常用操作状态的简捷方法如表 4-1 所示。

表 4-1　进入 AutoCAD 软件常用操作状态的简捷方法

操作状态	操作方法
退出当前命令，中断当前操作过程，返回等待命令输入状态	按 <ESC> 键
重复执行上一条操作命令	在软件的等待命令状态，按回车键或空格键
删除指定图形（Erase）	输入简写命令词 E，用鼠标点击选择对应图形，按回车键结束删除操作
删除所有图形（Erase）	键盘输入简写命令词 E，输入选项词 ALL
恢复在上一次操作中删除的对象	键盘输入缩写命令词 OOPS

操作状态	操作方法
取消上一次操作的结果（Undo）	键盘输入简写命令词 U
刷新屏幕，清除辅助标记（Redraw）	键盘输入简写命令词 R
按照当前的显示设置，重新生成图形	键盘输入简写命令词 REGEN
切换文本窗口的显示／隐藏	按键盘上的功能键 F2
实时平移视图（Pan）	键盘输入简写命令词 P
最大化显示视图中的全部图形	键盘输入简写命令词 Z，输入选项词 E
动态缩放和平移视图	键盘输入简写命令词 Z，输入选项词 D
绘直线（Line）	键盘输入简写命令词 L
绘整圆（Circle）	键盘输入简写命令词 C
绘圆弧（Arc）	键盘输入简写命令词 A
绘矩形框（Rectangle）	键盘输入简写命令词 REC
绘正多边形（Polygon）	键盘输入简写命令词 POL
绘平面多段线（Pline）	键盘输入简写命令词 PL
编辑平面多段线	键盘输入命令词 PEDIT
复制图形对象（Copy）	键盘输入简写命令词 CP
移动图形对象（Move）	键盘输入简写命令词 M
旋转图形对象(旋转轴平行于坐标系 Z 轴)	键盘输入简写命令词 RO
修剪图线（Trim）	键盘输入简写命令词 TR
断开图线（Break）	键盘输入简写命令词 BR
镜像图形对象（Mirror）	键盘输入简写命令词 MI
缩放图形对象（Scale）	键盘输入简写命令词 SC
平行复制图形对象（Offset）	键盘输入简写命令词 OF

操作状态	操作方法
延伸图线（Extend）	键盘输入简写命令词 EX
平面图线或实心体边缘倒圆角（Fillet）	键盘输入简写命令词 FIL
平面图线或实心体边缘倒斜角（Chamfer）	键盘输入简写命令词 CHA
复制图形对象，形成矩形或弧形阵列（Array）	键盘输入简写命令词 AR
修改图形对象的属性（颜色、线型、图层）	键盘输入命令词 CHPROP
将平面多段线拉伸成为实心体（Extrude）	键盘输入简写命令词 EXT
将平面多段线旋转成为实心体（Revolve）	键盘输入简写命令词 REV
生成立方实心体 （Box）	键盘输入命令词 BOX
生成圆柱实心体 （Cylinder）	键盘输入简写命令词 CYL
生成球状实心体 （Sphere）	键盘输入简写命令词 SPH
实心体相加（Union）	键盘输入简写命令词 UNI
实心体相减（Subtract）	键盘输入简写命令词 SUB
实心体相交（Intersect）	键盘输入简写命令词 INT
用平面切割实心体（Slice）	键盘输入简写命令词 SL
平移用户坐标系	键盘输入命令词 UCS，输入选项词 O
使用户坐标系绕其坐标轴旋转	键盘输入 UCS，输入坐标轴字母 X（Y，Z）
用三点任意设置用户坐标系	键盘输入命令词 UCS，输入选项词 3
设置用户坐标系的原点和 Z 轴正向上的一点	键入 UCS，输入选项词 Z

第三节

选择操作对象

　　为了对图形对象进行删除、移动、旋转、复制等修改操作，需要选择（Select）已经有的图形对象。最简单的方式是"点选"：移动鼠标，改变鼠标光标在屏幕中的位置，在光标十字处有一个选择方框，我们的任务是使这个小方框移动到要选择的图线或者是实心体边缘线上，然后用鼠标左点击的形式加以选择。AutoCAD软件还给出其他选择方式，正确使用这些选择功能有助于提高选择的效率，加快图线修改进程。在图形对象选择完毕后，需要用键盘输入回车键表示选择阶段结束。

　　当AutoCAD 2007软件进入选择图形对象的操作阶段时，在其用户界面下方的命令输入栏中会显示英文提示"Select Object:"，或者中文提示"选择对象："。在这种状态下，我们可以用表4-2所示方式选择操作对象。

表 4-2　选择对象的操作方式

选择对象	操作说明
用鼠标点选单个对象	当选择框移动到对象图线或边缘上时，鼠标左点击
用多边围线选择对象	AutoCAD 2018 软件缺省使用套索工具进行选择
在 AutoCAD 2018 中使用矩形框选择	输入字母 B
在 AutoCAD 2018 中使用套索工具选择	输入字母 L（前提是无最后生的对象）
用矩形框选择对象	在 AutoCAD 软件的早期版本中，当选择框位于空白区域时鼠标左点击，拖动到矩形框对角点的位置后，再用鼠标左点击
只选择位于矩形框内部的对象	输入字母 W，选择矩形框的两个对角点
选择矩形框内部和与框相交的对象	输入字母 C，指定矩形框两个对角点
用多边形选择完全处于其内部的对象	输入字母 WP，然后逐一用鼠标左点击的形式指定多边形上的各个顶点
用多边形选择内部和与边界线相交的对象	输入字母 CP，然后逐一指定多边形的各个顶点
用连贯直线选择所有与其相交的对象	输入字母 F，然后依次指定各段直线的起点和端点
由软件自动选择最后生成的对象	输入字母 L
由软件自动选择上一次操作的对象	输入字母 P
选择图形文件中所有的图形对象	输入字母 ALL，然后键入回车键
使选中的对象加入到选择集	输入字母 A，然后选择对象
使选中的对象退出选择集	输入字母 R，然后选择要退出选择的对象

第四节

移动图形对象

　　在计算机辅助设计的过程中，图形对象（实体点、平面图线、实心体、曲面等）的位置是可以变动的。有时候是为了调整两个物体的相对位置，有时候是为了表现物体的运动过程。在建模软件中，移动图形对象的关键是指定一个矢量，移动起始点是该矢量的起点，移动目标点是该矢量的终点（图4-5左）。矢量 P1P2 的方向决定移动的方向。矢量 P1P2 的大小决定移动的距离。我们可以用多种方式来设置这个决定图形移动的矢量。

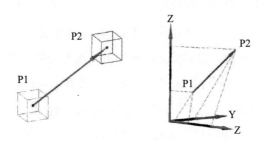

图 4-5　移动图形对象的位置（参见书后彩图）

AutoCAD 软件提供两种不同的移动图形对象方式。第一种是采用两点方式（指定基点 P1 和第二点 P2），用基点到第二点的距离为移动距离，用基点到第二点的指向为移动方向。当有现成的点可以捕捉时，第一种两点方式明显简便。第二种是采用指定位移的方式，用键盘输入第一个数值表示矢量 P1P2 在 X 轴的投影，它决定了图形对象沿 X 轴方向的位移。接下来输入英文逗号作为分隔标记，再键入第二个数值表示矢量 P1P2 在 Y 轴的投影，它决定图形对象沿 Y 轴方向的位移。然后键入英文逗号（用于分隔 Y 轴投影值和 Z 轴投影值），再键入第三个数值表示矢量 P1P2 在 Z 轴的投影，它决定了图形对象沿 Z 轴方向的位移。最后键入回车键表示位移设置结束。第二种指定位移的方式特别适用于只需要沿某一个坐标轴移动图形对象的情况，或者是已知位移矢量投影值的情况。移动操作的步骤如下：

　　（1）进入移动图形对象的操作状态。最简便的方式是在软件底部命令行中，用键盘输入简写命令词 M，或者输入全称命令词 MOVE，或者在 AutoCAD 2007 中逐级选择菜单选项："修改 M"→"移动 V"。

　　（2）选择被移动的图形对象。用鼠标移动光标在屏幕中的位置，当屏幕上的选择小框位于图形对象的图线上时，鼠标左点击（点选方式），也可以使用框选方式，在图形区中使用套索工具，或者指定矩形框的两个角点，选择位于选择框内所有的图形对象，输入回车键结束对象选择。

　　（3）按照实际情况决定移动方式。根据所选用的移动方式，进行不同操作。如果选择两点方式，在软件提示"指定基点或 [位移 D]"时，先指定基点，然后指定第二点。如果使用位移方式，先用键盘输入位移矢量的 X 投影、Y 投影和 Z 投影的量值，投影值之间要用英文逗号分隔，最后按回车键结束三个位移量的输入。当软件提示"指定第二点或者 < 使用第一点作为位移 >"时，直接输入回车键（这是采用位移方式指定矢量的标志性操作）。

　　在移动操作的开始阶段，AutoCAD 软件并不知道操作者要采用哪一种方式来指定位移矢量。在指定第二点的阶段，"直接输入回车键"的作用是告诉 AutoCAD 软件"不存在第二点",建模软件会根据这一信息,判断出目前使用的不是"两点方式",而是"位移方式",据此执行移动操作。在另一方面,如果操作者用某种形式指定了第二点,建模软件就会判断当前使用的是"两点方式"(图4-6)。这是软件开发者在事先规定好的一种约定。

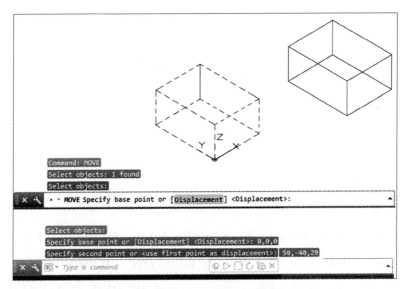

图 4-6　在 AutoCAD 2018 软件中,用两点移动图形对象

第五节

旋转图形对象

在现实世界中，物体绕一根固定轴旋转是常见的机械运动。决定旋转运动的关键因素是旋转轴位置、旋转方向和旋转角度。为了确定旋转轴，还要进一步指定旋转轴的方向和轴上的一点。在 AutoCAD 软件中可以转动图形对象，旋转图形对象的第一种作用是改变它与其他图形对象的相对角度位置。第二种作用是模拟物体的旋转运动（图 4-7）。当旋转轴平行于用户坐标系的 Z 轴时，可以用比较简单的 ROTATE 功能。在其他情况下，需要使用功能更强的 ROTATE3D 功能，使图形对象绕空间任意轴旋转。

为了执行旋转面平行于 XY 平面的旋转操作，可以输入简写命令 RO，或者输入全称命令 ROTATE。也可以在 AutoCAD 2007 软件中逐级选择菜单选项"修改 M"→"旋转 R"，然后用点选或框选方式选择被旋转的图形对象，输入回车键结束选择。接下来指定旋转中心（基点）和旋转角度。

当图形对象的旋转轴与用户坐标系的 Z 轴不平行时，要输入全称命令 ROTATE3D。也可以在 AutoCAD 2007 软件逐级选择菜单选项"修改 M"→"三维操作 3”→“三维旋转 R”，然后选择被旋转的图形对象。在指定旋转轴阶段，软件提供了多种与 ROTATE 操作不相同的设置方式（图 4-8），它们的作用是设置空间任意方位的矢量，为三维旋转操作提供了更多灵活性。

```
命令：ro
ROTATE
UCS 当前的正角方向：  ANGDIR=逆时针   ANGBASE=0
选择对象：找到 1 个
选择对象：
指定基点：
指定旋转角度，或 [复制(C)/参照(R)]<4>：30
```

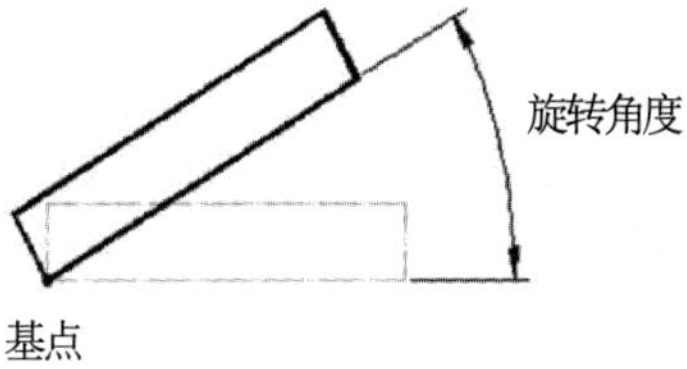

图 4-7　平行于 XY 平面的图形对象旋转

```
命令：rotate3d
当前正向角度：  ANGDIR=逆时针  ANGBASE=0
选择对象：
指定轴上的第一个点或定义轴依据：
  [对象(O)/最近的(L)/视图(V)/X 轴(X)/Y 轴(Y)/Z 轴(Z)/两点(2)]:
```

图 4-8　在三维旋转操作中设置旋转轴

在 AutoCAD 中设置供三维旋转操作使用的旋转轴时，有表 4-3 所示的几种方式。

表 4-3　旋转轴的设置方式

设置方式	说明
对象（O）	用所选图形对象的（内部）坐标系 Z 轴来指定旋转轴
最近的（L）	使用上一次 ROTATE3D 操作中设置的旋转轴
视图（V）	规定旋转轴与屏幕面垂直，要求指定旋转轴上的一个点
X 轴（X）	规定旋转轴的方位与当前用户坐标系的 X 轴平行并且同向，还要指定位于旋转轴上的一个点

设置方式	说明
Y 轴（Y）	规定旋转轴的方位与用户坐标系的 Y 轴平行并且同向，还要指定位于旋转轴上的一个点
Z 轴（Z）	规定旋转轴的方位与用户坐标系的 Z 轴平行并且同向，还要指定位于旋转轴上的一个点
两点（2）	在空间指定两个点，从第一点到第二点为旋转轴（正向）

当旋转轴设置好以后，软件接下来要求输入图形对象的旋转角度。旋转角度正向与旋转轴正向符合右手螺旋法则。该法则规定右手大拇指沿旋转轴的正向，右手四指弯曲的方向便为旋转角度的正向。旋转角度可以是正值，也可以是负值，当输入旋转角度后，被选择的图形对象发生旋转。

AutoCAD 2018 软件中，鼠标点击主菜单选项"Express Tools"，然后在该面板中点击"Move/Copy/Rotate"选项，就进入了移动 / 复制 / 旋转综合操作状态（图 4-9）。在选择了被操作对象以后，先选择基准点（base point），然后用键盘输入选项标识字符"R"，表示要进入两维旋转（旋转轴平行于用户坐标系 Z 轴的旋转）状态，然后用数值或者用终边上的点指定旋转角度。

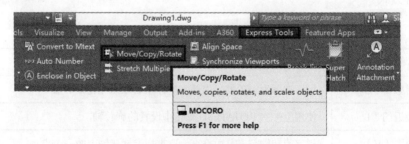

图 4-9　AutoCAD 2018 软件的移动复制缩放综合操作

第六节

绘制平面图线的实例

　　平键是一种在机械装置中常用的标准件，被用来在轴与套之间传递扭矩。为了安装平键，需在套类零件的圆孔内壁上加工出直槽。图 4-10 展示了齿轮轮毂实体上键孔轮廓线的完整绘制过程。图 4-10 左表示绘出对应键孔的一个整圆。图 4-10 中左表示绘出代表键槽底部的一条直线。图 4-10 中右表示绘出代表键槽左右侧面的两条直线。图 4-10 右表示通过 AutoCAD 软件的修剪（Trim）操作形成键槽孔的轮廓线。

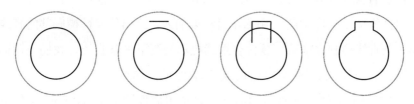

图 4-10　生成齿轮轮毂中的键孔轮廓线

（1）整圆（Circle）是常见的基本图形。决定一个整圆的位置是它的圆心坐标，决定一个整圆大小的是它的半径值。为了用 AutoCAD 软件绘出一个整圆，首先要进入软件的绘制整圆操作状态。最简单的操作方式是在建模软件的命令等待状态,用键盘输入一个英文字母"C",它表示绘圆命令（Circle）的简写，然后输入回车键，表示命令词输入阶段结束。

在输入命令词 C 以后，我们应该先观察软件在命令行中给出的文字提示，确认已经进入绘制整圆的操作状态，确认软件在要求指定圆心。然后用键盘输入该圆圆心的直角坐标值，依次输入数字"0"表示是圆心的 X 坐标,输入"英文逗号"表示 X 坐标与 Y 坐标的分隔，输入数字"0"表示是圆心的 Y 坐标，输入"回车键"表示直角坐标值输入结束。在下一步，用键盘输入圆的半径值"8"和回车键。软件会据此绘出一个圆。

（2）直线（Line）也是基本图形。为了绘出直线，我们需要进入绘制直线的操作状态，然后指定直线的起点和终点。为此首先需要确认软件处于命令等待状态。如果不是，按键盘上的 ESC 键，返回命令等待状态。

向 AutoCAD 软件输入英文字符 L 和回车键，L 代表绘直线命令（Line）的缩写。观察软件给出的提示，确认已经进入绘制直线的操作状态，并且在要求指定直线的起点。用输入直角坐标 "-3，10" 的形式指定直线的起点，其中直线起点 X 坐标 "-3" 与键槽的宽度有关，直线起点 Y 坐标 "10" 与键槽的深度有关，输入回车键表示起点坐标输入完毕。然后在确认软件的相对坐标设置关闭（设置系统变量 DYNPICOORDS=1）的前提下，输入直线终点的直角坐标 "3，10"，用回车键结束输入。绘出代表键槽底部的直线。在第一条直线绘制完毕后，软件会继续提示绘制下一条直线，我们应该输入回车键，"告诉" AutoCAD 软件：绘制直线的操作结束。

（3）绘制键槽侧面直线的第一阶段是用捕捉端点（End Point）的形式指定直线起点。除了使用输入坐标值的方式以外，AutoCAD 软件还可以用捕捉图线特征点（Object Snap）的方式指定一个点。具体操作是用鼠标左点击软件底部的对象捕捉（Object Snap）按钮，在对象捕捉对话框中勾选列表中的端点（End Point）项，点击对话框中的 OK 按钮退出。用鼠标左点击软件界面底部的对象捕捉按钮，确认对象捕捉按钮为"凹下"的捕捉有效状态。然后移动鼠标，在小矩形框位于槽底直线的端部时鼠标左点击，AutoCAD软件会自动将直线起点定在槽底直线的端点。

（4）绘制键槽侧面直线的第二阶段是运用软件的正交（Ortho）功能和屏幕定点功能指定直线的终点。正交是 AutoCAD 软件提供的一种作图辅助功能，它能限制鼠标移动的方向。当用户坐标系处于缺省位置，软件处于正交有效状态时，鼠标光标在屏幕上只能沿水平或垂直方向移动。当软件处于正交无效状态时，鼠标光标可以沿任意方向移动。使用键盘上 F8 功能键可以使软件切换正交有效和无效状态。具体操作是：将软件设置为正交有效状态，移动鼠标，使鼠标光标垂直向下移动到适当位置，用鼠标左点击形式指定键槽侧面直线的终点，输入回车键结束。

（5）为了去除草图中的多余线条（去除键槽侧面直线伸入整圆内的部分），获取完整的键孔轮廓，需要启用 AutoCAD 软件的修剪（Trim）功能。"修剪"属于图线修改操作，修剪的作用是在图形区中指定若干根已有图线作为修剪操作中的边界图线，边界图线的作用是将其他一些图线分割成为两段。根据选择被修剪图线时的光标位置，软件会删除其中的一段。

为了进入 AutoCAD 软件的修剪操作状态，需要在软件的命令等待状态输入操作命令"Trim"（图 4-11 左）和回车键，在操作正确的前提下，软件会提示"选择切割边图线"（Select Cutting Edge），为了响应软件的这个"要求"，我们应该移动鼠标，驱使屏幕上的选择小框移动到整圆图线上，用鼠标左点击方式选择它作为修剪操作中的切割边界（图 4-11 中），然后用输入回车键的方式，"通知"软件选择切割边图线的阶段结束。

在前一段操作过程顺利进行的前提下，AutoCAD 软件会继续提示要求"Select objects to trim"，这一提示的含义是要求操作者"开始选择被修剪的对象"。为此，我们应该在键槽左侧直线和右侧直线位于圆内的部位进行选择（图 4-11 右）。最后键入回车键，表示结束本次修剪操作。

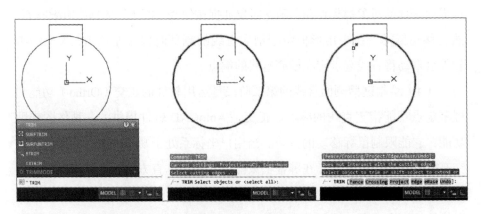

图 4-11　AutoCAD 2018 进行修剪（Trim）的过程

　　AutoCAD 2018 软件还提供若干备用的修剪操作选项。其中 Fence 选项和 Crossing 选项被用来改变点选方式（用一条折线或一个矩形框进行选择）。Project 选项用来设置投影选项（projection option），投影选项的值可分别设为 None（不投影）、UCS（沿用户坐标系的 Z 轴方向投影）和 View（沿当前视图平面的法线方向投影）。当需要修剪的图线与切割边实际上不相交，但它们的投影与切割边相交时，用投影选项的值来决定是否修剪。Edge 选项用来决定"隐含边界延伸模式"（implied edge extension mode），当该值设为 No Extend 时，被选中的修剪边界图线不延伸，没有与其相交的图线不会被修剪。当该值设为 Extend 时，被选中的边界图线会自动延伸至与被修剪图线相交。eRase 选项提供了在修剪操作过程中删除图形对象的功能。Undo 选项被用来取消最后一次的修剪结果。

第七节

三维几何建模的实例

　　计算机三维几何建模中的相当一部分工作是生成实心体（Solid），用实心体表示设计对象。在运用 3D 打印技术的设计建模过程中，输出结果必须是实心体。为了用计算机建模软件生成实心体，可以采用不同的操作方式，其中很重要的一种形式是以平面图线为操作对象，通过拉伸操作或者旋转操作生成各种实心体，因此实心体建模与平面作图有着密不可分的联系。

　　从平面图线到实心体的转化过程中，必须生成平面多段线（Polyline）。平面多段线是 AutoCAD 软件提供的一种图形对象，它由多个互相连接的线段组成。平面多段线中的线段可以是直线，也可以是圆弧。平面多段线可以直接绘制，也可以将原先各自独立的线段合并（Join）而成。

　　图 4-12（左）是齿轮轮毂的外圆轮廓线和键孔轮廓线。这两条图线都位于 AutoCAD 世界坐标系的 XY 平面上，键孔轮廓线已经被组合成为平面多段线。图 4-12 左中表示将键孔轮廓线拉伸成为内芯孔实心体。具体的操作为输入命令词 Extrude 和回车键。用鼠标左点击方式选中键孔轮廓线，作

为拉伸操作的对象，输入回车键表示拉伸对象选择完毕。然后输入数字"20"表示拉伸体的高度，接受拔锥角为零的缺省设置。使用同样方法，将外圆轮廓线拉伸成为高度为16的圆柱实心体，见图4-12右中。

图4-12右是两个实心体布尔相减的结果，在圆柱体占据的区域中去除内芯体占据的区域。输入命令词Subtract和回车键，进入布尔相减操作状态。用鼠标移动屏幕中的选择框光标到圆柱体的边缘线上，用鼠标左点击方式选择圆柱体作为被减的母体，输入回车键表示被减母体选择完毕。用鼠标左点击内芯体的边缘线，将其作为相减工具体，输入回车键，驱使AutoCAD软件执行两个实心体之间的布尔相减操作。

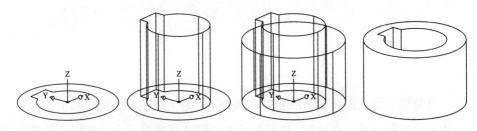

图4-12　齿轮轮毂部分的实心体生成过程

第八节

人机交互的几何建模过程

在计算机辅助设计的过程中，设计人员与计算机建模软件分别担任不同的工作。设计师心里想的是"设计对象"，考虑的是如何把设计概念变成几何形体。在另一方面，计算机建模软件能提供的是通用的绘图和建模功能，建模软件事先并不"知道"设计人员要创建什么样的数字模型。

计算机建模软件的"行动"需要人来"指挥"，设计师要向建模软件发布"命令"，决定操作的类型（需要做什么事情）、操作的对象（对谁进行操作）、操作的方式（怎样做这件事情）、操作需要的数据（数值、点的位置等）。建模软件的作用是接收命令，理解命令和执行命令。

设计师使用的人机交互形式是用键盘和鼠标操作。设计师向建模软件输入的操作要求是进入某种操作状态，选择被操作的对象，指定图线上的点，输入数值。建模软件接收到这些要求后，调用软件内部的计算模块和显示模块，自动生成和显示能够表达设计师创意的数字几何模型。

在人与计算机软件之间，经常要发生"误会"，在操作过程中表现为"出错"，其结果是建模软件运行的结果与我们的意图不一致。发生错误的原因在于我们自己，是使用软件的人对于操作规则的理解不正确或者不完整。

与人与人对话完全不同的是，计算机建模软件对于操作者很小的失误也不会"宽容"，如果你不注意建模软件当前所处的状态，没有在软件的命令等待状态用键盘输入命令字符，即便命令词的拼写完全正确也会出错，其原因是你输入的"内容"是对的，但是输入的"时刻"不正确。

如果你把 "a" 错输为"q"，软件的运行就会出错，因为出现了这个错误，后面不管你输入什么内容，都会被全部认为是错误的内容。如果你把一个点的坐标值在建模软件的命令等待状态中输入，软件就会告诉你"这是未知命令"。如果你在输入一个点的坐标时，在两个坐标值之间错用了中文逗号进行分割，建模软件就会判断"这是一个无效的点"。改正这一类错误的最好方法是立即退出当前的操作状态。具体做法是按下键盘左上方的 ESC 键，使 AutoCAD 软件中止当前操作，返回到命令等待状态。

图 4-13 右所示的是 AutoCAD 软件中的一个对话框。它的作用是对图 4-13 左所示的单齿轮廓线进行环形阵列处理，从单个齿的轮廓拓展为 48 个齿的轮廓。在该对话框中，显示了与环形阵列操作有关的一系列界面元素。在对话框左边，从上往下依次是阵列的形式、环形阵列的中心点设置、在环形阵列操作中复制的个数（包括被选择的对象）、环形阵列所对的圆心角、在复制过程中图形对象是否要改变原有的方位等。在对话框右边最上方，是用来选择被复制对象的操作按钮。按钮下面显示已经选择的图形对象个数。这些就是软件通过它的用户界面所传达的信息。

我们的任务是通过用户界面中的文字说明和界面元素排列形式来"领会"软件开发者的意图，然后遵照建模软件的操作规则输入自己的要求。比如，用鼠标点击对话框右上方的选择对象按钮，用 AutoCAD 软件提供的多种功能选择阵列操作的对象。以鼠标点击单选框的形式，切换阵列的形式。以向文本框控件输入数值的形式指定环形阵列的中心点坐标，或者是用鼠标左点击"中心点"一栏末尾的按钮，在图形区中用更多的形式设置环形阵列的中心点。以向"项目总数"文本盒输入数字的形式指定图形复制个数；以向"充填角度"文本盒输入数字的形式指定阵列圆心角。

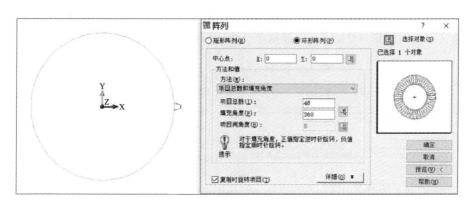

图 4-13　AutoCAD 软件中的环形阵列操作

计算机三维几何建模涉及的操作规则很多，所以在人机交互的过程中不可避免地会出现不少问题。但是这些问题是可以解决的。只要我们慢慢地"习惯"建模软件表达信息的方式，理解建模软件所特有的"习性"，经过一段时间的磨合，绝大多数的沟通困难都是可以避免和克服的。

三维几何建模任务的顺利完成依靠人与计算机之间的信息沟通，避免出现操作错误的条件是完整了解计算机建模软件的运行规则。在使用建模软件时，必须严格遵守其规则。为了排除信息交流过程中存在的障碍，我们要研究建模软件表达信息的方式，学会随时注意计算机屏幕中显示的文字信息和图案信息，观察建模软件的用户界面所发生的种种变化，特别是在出错状态中发生的变化，分析内含在这些信息变化中的提示信息。

图 4-14 列举了 AutoCAD 2007 软件中的几种人机交互情况。图 4-14 的左上角表示软件处于等待输入命令的状态，只有在这种状态下，我们才可以用键盘输入各种操作命令词。如果不是这种状态，就不允许输入任何操作命

令。图 4-14 右上方显示了两种不正确输入的表现，输入的都不是操作命令词，造成软件无法识别。图 4-14 右下方显示了另外一种不正确的操作过程，出错部位在输入圆心坐标的阶段（"指定圆弧的起点或圆心"），出错原因是在 X 坐标值与 Y 坐标值之间使用了中文逗号，违反了操作规则（必须用英文逗号）。图 4-14 左下方显示了一个正确的绘圆弧过程。

AutoCAD软件处于等待状态

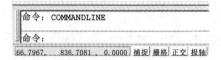

命令：COMMANDLINE

命令：

66.7967, 836.7081, 0.0000 捕捉 栅格 正交 极轴

过三点绘一段圆弧

命令：a

ARC 指定圆弧的起点或 [圆心(C)]：0,0

指定圆弧的第二个点或 [圆心(C)/端点(E)]：10,8

指定圆弧的端点：3,16

命令输入不正确

命令：q

未知命令"Q"。按 F1 查看帮助。

命令：0,0

未知命令"0,0"。按 F1 查看帮助。

起点坐标输入不正确

命令：a

ARC 指定圆弧的起点或 [圆心(C)]：0,0

需要点或选项关键字。

指定圆弧的起点或 [圆心(C)]：*取消*

图 4-14　人与计算机软件信息交互的具体形式

　　设计师与计算机建模软件之间的信息交互要符合"逐步分解"的原则。把人的三维建模的要求与建模软件可以提供的三维建模功能联系起来，使得设计人员的想法具有"可行性"。如果这项工作做好了，表现设计人员创意的设计总任务就可以落实到具体的软件操作上。如果建模要求与软件操作之间的衔接工作做得不够充分，设计任务的完成就有不确定性。

第九节

分解三维几何建模的
任务

为了在人和计算机之间建立和谐的合作关系,需要在开始三维建模之前,先将一项总的设计建模任务逐步分解成为若干个平面绘图和三维建模的具体任务。总任务是设计师希望实现的目标,是综合性的、难度较大的任务。具体任务是计算机建模软件可以完成的任务,是比较单一的、相对容易完成的操作。三维几何建模的任务不能按照设计师自己的思维习惯进行分解,而是要根据建模软件能够提供的功能进行分解,从上往下依次分解。分解计算机几何建模的任务有不小的困难,它不仅要求对计算机建模软件本身有深刻理解,同时还需要有各方面专业知识的足够积累。

分解设计建模任务的第一个实例是绘制连杆(linkage)构件的轮廓线。连杆是常见的机械传动零件,它将运动和力从一个构件传递到另一个构件。连杆的形状特征是用轴套连接形式在其两个端部连接其他构件,连杆的功能是对相邻构件产生约束,使两者只能产生绕其轴套圆心的相对转动(图4-15)。

图 4-15　位于各种机械装置中的连杆构件

　　绘制连杆零件平面轮廓线的任务可分为"图线绘制"和"图线修改"。所谓"图线绘制"，是创建新的图形对象，例如绘制直线、矩形框、整圆、圆弧等。这些操作在 AutoCAD 2007 软件的菜单中对应"绘图"大类中的各个选项。在图线绘制阶段中绘制的是连杆轮廓线草图。所谓"图线修改"，是改变已经有的图形对象，例如删除图线、修剪图线、图线延伸等。它们在 AutoCAD 2007 软件的菜单中对应"修改"大类中的各个选项。在图线修改阶段对草图进行修整，使其成为完整的连杆构件外围轮廓线。

　　用 AutoCAD 软件生成连杆轮廓线的操作可以细分为下列六个步骤：

　　（1）根据两个圆孔中心之间的间距和方位角，得出连杆轴线的两端点坐标，使用 Line 命令，输入直角坐标绘出中心轴线（图 4-16 左上）。

　　（2）使用 Circle 命令，捕捉直线的端点，输入已知的圆半径，分别绘出位于两端的圆孔轮廓和作为外围轮廓线一部分的整圆（图 4-16 右上）。

　　（3）使用 Offset 命令对整圆轮廓作缩小的平行复制。使用 Line 命令，捕捉圆上的切点，绘出与两个辅助圆相切的两条直线（图 4-16 左中）。

（4）使用 Trim 命令，以整圆为切割边，在草图中修剪掉两条直线中的多余部分。使用 Erase 命令，删除草图中的两个辅助圆（图 4-16 右中）。

（5）使用 Trim 命令，以两条直线为切割边，修剪掉两个整圆中的多余部分，形成基本完整的外围轮廓线（图 4-16 左下）。

（6）使用 Fillet 命令，输入适当的圆角半径值，在外圆轮廓线部分与中部直线的连接之处产生半径不同的过渡圆角（图 4-16 右下）。

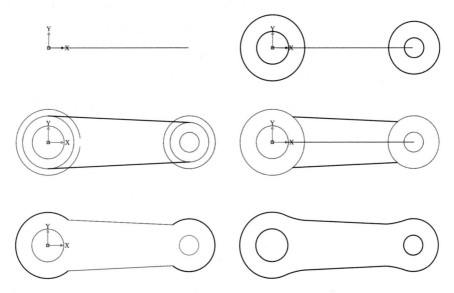

图 4-16　绘制连杆零件轮廓线的过程

　　分解设计建模任务的第二个实例是生成四棱台的三维线框模型。它由位于底部的矩形框和位于顶部的矩形框，以及四条代表边缘的直线组成。在设计建模之前，先要把设计对象的形状数量化。在本实例中要先确定四棱台底部矩形框的长度和宽度、四棱台顶部矩形框的长度和宽度、底部矩形框与顶部矩形框的垂直距离。整个操作过程可细分为四个步骤：

　　（1）在 AutoCAD 缺省给出的俯视观察角度，在用户坐标系的 XY 平面内，根据矩形框对称于坐标系原点的性质，用Rectang命令生成两个矩形框（底部矩形框和顶部矩形框），见图4-17左。

（2）使用软件提供的调整观察视线功能，将俯视观察角度改为具有立体感的西南等轴测观察角度（图4-17左中）。在 AutoCAD 2007 软件中使用菜单选项"视图"→"三维视图"→"西南等轴测"。在 AutoCAD 2018 软件中，使用位于图形区右上角的视图管理图标进行调整。

（3）根据四棱台的高度，使用 Move 命令，将顶部矩形框从原先位于底部的位置沿 Z 轴正方向移动到空间指定高度（图4-17右中）。在移动操作中，使用位移方式，四棱台的高度是位移矢量的 Z 轴投影分量。

（4）使用 Line 命令绘出四棱台的四条边缘直线。在绘直线过程中，用捕捉矩形框直线段端点的方式指定直线的起点和终点，在底部矩形框的角点和顶部矩形框的角点之间绘制出边缘直线（图4-17右）。

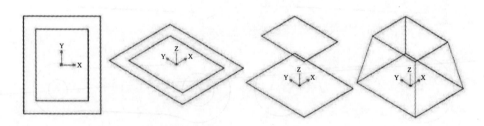

图 4-17　生成四棱台的三维线框模型

在大多数情况下，计算机建模软件无法一步到位地完成设计师交付的工作任务。如果没有建模任务的多层次分解，计算机辅助设计的优越性就体现不出来。所谓"几何建模任务分解"，就是把建立几何模型的总要求一步一步地细化，一直细化到与建模软件的具体功能完全对接为止。

第十节

视线与视图

在手工作图时，所有的图线都绘在一张纸上，绘好的图线很难改变位置，我们总是习惯从图板的正面方向观察图纸中的图线，这似乎成了一种"常识"。在计算机辅助设计阶段，我们需要"改变观念"。因为使用的绘图手段变了，在计算机建模软件中，完全可以随时改变显示状态，软件提供静态设置观察视线和动态浏览图形对象两种方式。软件还可以在屏幕中设置多个视口，在每个视口中能够采用不同的角度观察同一个设计对象，这些都是能够帮助我们完善设计方案，提高设计质量的重要功能。

计算机建模软件的第一种显示模式用于计算机平面作图，计算机屏幕相当于图纸表面，作图基准面始终是世界坐标系的 XY 平面，观察图线的视线方位固定不变。如果将 XY 面认作地面，观察视线沿 Z 轴的俯视方向。第二种显示模式用于计算机三维几何建模，几何形体在屏幕中的显示方位不是固定的，观察视线的方位可以用建模软件的相关功能加以灵活改变，我们能够很方便地从不同观察角度，用平行投影或者是透视方式显示设计过程中的三维几何建模结果（图 4-18）。

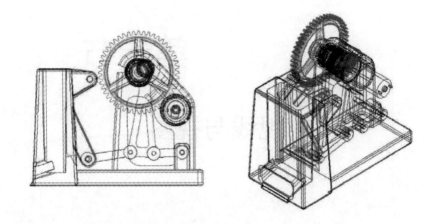

图 4-18　分别用主视图和轴测视图展示设计对象（参见书后彩图）

　　在 AutoCAD 2007 软件中，用菜单选项"视图 V"→"三维视图 D"就可改变观察视线（图 4-19 左）。还可以键入 VPOINT 操作命令，或者通过菜单选项"视图 V"→"三维视图 D"→"视点 V"，用数字设置观察视线的环绕角度和俯仰角度，用软件提供的多种定点方式来准确模拟出观察者实际看到的实物景象。当视线设置完毕后，可以用 VIEW 操作命令，或者是用菜单选项"视图 V"→"命名视图 N"来保存对观察视线的设置。

　　AutoCAD 2007 软件还提供动态浏览功能（图 4-20 左）。在屏幕上显示的圆形轨迹上有四个小圆（图 4-20 右），它们可以用鼠标左点击并且拖动。拖动后立即可以观察到视线改变的效果。点击左右两个小圆并水平拖动使视线左右环绕调整，点击上下两个小圆并垂直拖动使视线上下俯仰调整，点击圆形轨迹并绕圆周方向拖动使被观察对象绕圆形轨迹中心旋转。

　　在缺省状态，AutoCAD 软件提供的是单视口显示状态，在屏幕上只显示一个视口中的图形。这种显示状态是可以改变的。在 AutoCAD 2007 软件中，

通过菜单选项 "视图 V"→"视口 V"→"四个视口（4）"可进入多视口显示状态（图 4-21 左）。这时候产生多个相同显示内容的视口。通过鼠标左点击其中一个视口，使其成为边框加粗的当前视口。在当前视口中，再用 AutoCAD 2007 软件的"三维视图"功能设置不同的观察视线（图 4-21 右），成为机械视图中的三视图。

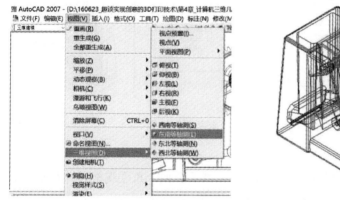
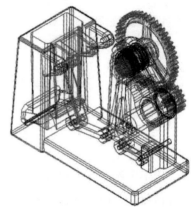

图 4-19　AutoCAD 2007 软件提供的三维视图功能（参见书后彩图）

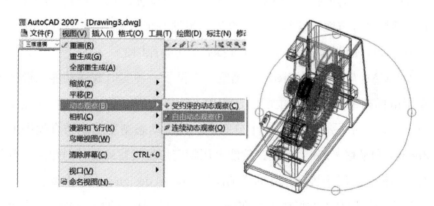

图 4-20　用动态浏览得到任意观察角度的视图（参见书后彩图）

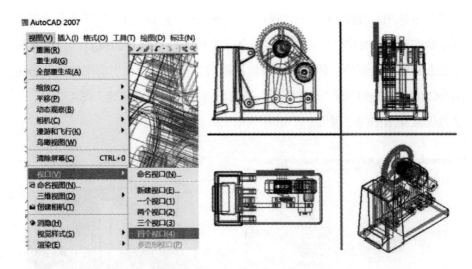

图 4-21　AutoCAD 软件的多视口显示方式（参见书后彩图）

　　用手工作图只能得到一张图纸。如果我们要换个角度观察设计对象，就要再画一张，甚至多张图纸。计算机绘图和建模软件的出现完全改变了这种情况。AutoCAD 软件提供的多视口显示状态，方便软件的使用者从不同侧面了解设计对象的形状，了解对象与对象的相对位置，帮助寻找存在的问题，有利于评估设计方案。这是三维造型远远超过平面作图的突出优点，也是计算机辅助设计使设计质量得到大幅度提高的主要原因之一。

　　AutoCAD 软件的"视图动态浏览"提供了一种实时观察功能。设计人员在用鼠标精细调整视线角度的过程中，能够立即"看到"调整的效果，这对于进入一个最佳观察位置十分有利。视图动态浏览功能结合视图缩放（Zoom）和平移（Pan）功能，就能够用特定角度观察到设计对象某一部位的细微结构，这对于机械零件的详细设计（detail design）十分重要。

　　当作为设计对象的形体上存在倾斜面时，使用标准的正交投影方向就会产生失真，结果使投影得到图形与物体的实际轮廓产生差异。为此机械制图规范中有使用特殊投影方向的"向视图"。在 AutoCAD 软件中，专门设有

根据坐标系调整视线的功能,可以将观察视线调整到与 XY 平面垂直。当把
用户坐标系的 XY 平面设到形体的倾斜面上以后,使用这种功能就能取得类
似机械制图中的向视图投影效果(图 4-22)。

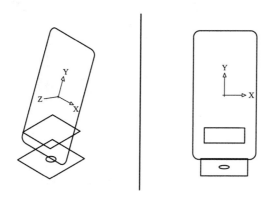

图 4-22　将观察视线设置为与用户坐标系 XY 平面垂直

AutoCAD 软件产生特定方向(垂直于 XY 平面的方向)投影的操作命令
词是 PLAN。使用该命令时,软件给出多种选择,可以将当前的投影方向与
不同的坐标系联系起来(世界坐标系、当前使用的用户坐标系和被存储的用
户坐标系),使观察视线的方向与所选坐标系的 XY 平面互相垂直(图 4-23)。

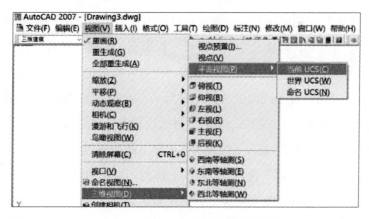

图 4-23　AutoCAD 2007 软件设置特定观察视线的菜单选择操作

第十一节

平行投影与透视

　　投影(Projection)分为两种：当光源点处于无限远处，得到的是平行投影，物体的投影图线不同于人眼观察到的实际物体。当光源离开投影平面的距离为有限值时，得到的是近大远小的透视投影，产生的视觉效果有真实感。AutoCAD 软件既能产生平行投影，也能产生透视投影。在 AutoCAD 2007 的动态浏览状态中，用鼠标右点击方式可以调出一个快捷菜单（图 4-24 左），用鼠标左点击形式，勾选其中的 "平行" 投影或 "透视" 投影进行切换。

　　当作为实心体的设计对象生成以后，我们可以指定它们的显示形式。在需要时，可以从一种形式改变为另一种形式。AutoCAD 2007 软件通过选择菜单选项 "视图 V" → "视觉式样 S"，进入设置实心体显示形式的操作状态。调用其中的 "三维线框" 选项，仅显示实心体上的全部边缘线条，不显示 "面" 特征。调用 "三维隐藏" 选项，隐藏实心体的不可见边缘，显示 "面" 特征。调用 "真实 R" 选项，在实心体表面产生着色效果。

图 4-24　切换平行投影与透视状态（参见书后彩图）

　　为了取得更加真实的显示效果，AutoCAD 2007 软件还提供了有明暗效果的渲染（Render）功能，以及材质（Material）功能和灯光照明（Light）功能。为了调用这些功能，首先要选择菜单选项"视图 V"→"渲染 E"，然后在列出的子选项中进行选择：调用其中的 Rendering 选项产生渲染效果，调用 Material 选项设置实心体表面的色彩和纹理，调用 Light 选项设置照亮场景的环境光、平行光源和点光源，还可以设置光源的色彩和强度。

　　AutoCAD 软件中的 DVIEW 命令提供了全面设置观察视线的功能（图 4-25）。在改变参数值的过程中，屏幕中显示的图线会立即发生相应改变，便于实时观察调整效果，其中设置透视的部分尤其重要。DVIEW 命令通过设置照相机点和目标点来调节观察视线的方位，同时调节透视程度。照相机点与目标点的距离越近，透视效果越明显。还可以调节镜头的焦距参数。

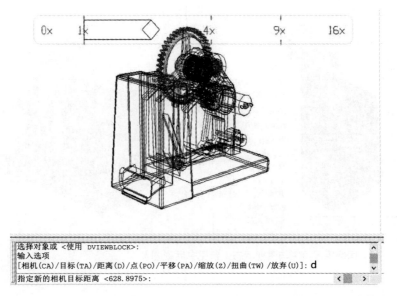

```
选择对象或 <使用 DVIEWBLOCK>:
输入选项
[相机(CA)/目标(TA)/距离(D)/点(PO)/平移(PA)/缩放(Z)/扭曲(TW)/放弃(U)]: d
指定新的相机目标距离 <628.8975>:
```

图 4-25　在 AutoCAD 2007 软件中用 DVIEW 命令进行调整透视程度（参见书后彩图）

DVIEW 命令中的选项如表 4-4 所示。

表 4-4　DVIEW 命令中的选项

选项	说明
相机（CA）	目标点不动，调整照相机点的位置
目标（TA）	照相机点不动，调整目标点位置
距离（D）	目标点不动，沿视线移动照相机点
点（PO）	用两点（目标点和照相机点）设置视线
平移（PA）	动态平移显示内容
缩放（Z）	设置镜头焦距（焦距越小，透视效果越明显）
扭曲（TW）	显示内容绕视图中心旋转
剪裁（CL）	设置垂直于视线的剪裁面，使部分实体不可见

选项	说明
隐藏（H）	在 DVIEW 命令内进行消隐处理
关（O）	取消透视，返回平行投影状态
放弃（U）	取消上一次在 DVIEW 操作状态内的设置

第十二节

在 AutoCAD 2018 软件中
观察设计对象

AutoCAD 2018 与 AutoCAD 2007 的用户界面有较大不同，在其用户界面中，用鼠标左点击主菜单中的 View 选项（View Tab）后，就会调出一个控制面板（Panel）。在这个面板中，用鼠标左点击位于左侧的 View Cube 按钮，就可以调出或者隐藏位于右上角的 View Cube 控件（图 4-26）。同理，鼠标点击位于左侧的 Navigation Bar 按钮能够切换位于右侧 Navigation Bar 控件的显示状态。

View Cube 控件的作用是改变观察设计对象的视线方向。点击该控件中的 Front 面，能生成沿坐标系 Y 轴（正方向）的观察视线，软件立刻显示主视图（Front View）。同理，用鼠标左点击控件中的 Top 面，生成沿坐标系中 Z 轴（负方向）的观察视线，软件显示俯视图（Top View）。鼠标左点击控件中的 Left 面，视线沿 X 轴（正方向），生成左视图。

View Cube 控件的底部为一个可以用鼠标拖动的圆环，在拖动过程中，图形区中的图线显示发生动态变化。圆环中显示的 E、S、W 和 N 代表观察方向，分别表示"东"、"南"、"西"、"北"。View Cube 控件使用的坐标系有两种：世界坐标系（WCS）和用户坐标系（UCS）。可以用鼠标左点击 View Cube 控件下方的（WCS 或 UCS）图标加以改变。

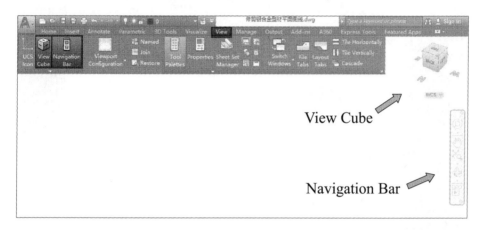

图 4-26　在 AutoCAD 2018 软件中控制观察视线的两个控件

Navigation Bar 控件中有五个按钮：方向盘（Steering Wheel）按钮、平移视图（Pan）按钮、最大化显示（Zoom to Extend）按钮、沿图标轨道线调整视线（Orbit）按钮以及显示图线对象运动（Motion）按钮。

在 AutoCAD 2018 软件中可以设置多视口布局（Multi-Viewport），在屏幕上同时显示多个视口，目的是从不同的视线方位同时观察一个几何形体，让设计概念呈现得更为完整，形体特征表现得更为清晰。在主菜单中，用鼠标左点击 View 选项，调出设置视口的面板（View Panel），在该面板的左侧，鼠标点击视口配置（Viewport Configuration）按钮，软件就会弹出一个下拉菜单，列出 12 个视口布局（图 4-27 左）。其中的 Single 选项表示采用单视口布局，Two 表示 Horizontal 选项采用两个水平排列的视口布局，Four 表示 Equal 选项采用四个等分排列的视口布局。

当视口布局设置完毕以后，我们可以进一步调整每个视口中的视图

（View）内容。采用的方法是用鼠标左点击的形式将其中一个视图设置为当前视图。当前视图的特征是其边框比其余视图的边框宽。

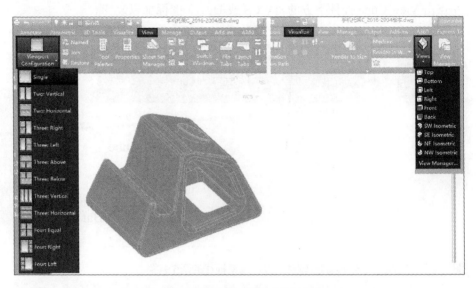

图 4-27　在 AutoCAD 2018 软件中设置视口布局和观察视线

　　当前视图的位置设定后，可以改变它的显示内容。在主菜单中，用鼠标左点击 Visualize 选项，调出可视化设置面板（Visualize Panel），在该面板的右侧，鼠标点击视图设置（Views）按钮（图 4-27 右），软件就会弹出一个下拉菜单，列出 10 个视图选项。我们可以在其中选择一个需要的视图内容。除此以外，对当前视图还可执行平移视图（Pan）、缩放视图（Zoom）、全方位调整观察视线（Orbit）等操作。

第五章

绘图建模制造实例

第一节

绘制型材截面图形

从平面作图到三维造型，从用键盘鼠标实现的人机交互操作到自动完成设计任务的二次开发，计算机建模软件提供了许许多多的功能。我们的任务是细致了解和研究这些功能，用恰当合理的方式使用建模软件，生成表达创意所需的图形对象，为 3D 打印制造环节提供实心体模型。

铝合金型材是对铝合金材料进行熔铸、挤压和氧化处理后得到的结构件，在航空、汽车、建筑、机械制造等领域中得到大量应用。为了获得代表型材的实心体模型，我们需要先绘制它的截面图形，并且将其外围轮廓线中的直线段和圆弧段组合成平面多段线（图 5-1 左）。然后把中心圆拉伸成实心体（图 5-1 左中），将外围轮廓线拉伸成实心体（图 5-1 中右），最后对实心体作布尔相减操作，得到形状与型材相符的实心体（图 5-1 右）。

在计算机三维造型中，确定设计对象的基准是一个首先要解决的重要问题。如果没有基准，就无法确定设计对象的位置，因此也没有办法获取其中所有几何元素的位置参数，设计工作因此无法开展。基准与坐标系有关。在最简单的情况下，将 AutoCAD 软件的世界坐标系（WCS）原点作为基准点，以世界坐标系的 XY 平面作为基准平面，以世界坐标系的 Z 轴作为基准轴。在型材截面图线绘图实例中，型材截面图线的所在平面与世界坐标系的 XY 平面重合，截面图线的中心点被置放在世界坐标系的原点。

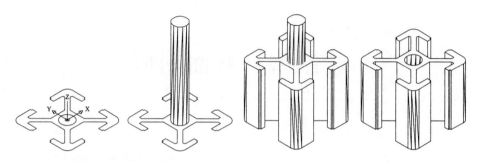

图 5-1 型材截面图形和实心体的生成过程

绘制 2020 型材的截面图形，首先要确定图形的基本轮廓（中心圆、外围正方形、内壁正方形），然后添加细节特征（代表两条交叉斜筋的平行直线）。在这些基础上，再绘制代表型材四个缺口边缘的直线（图 5-2）。与手工绘图明显不同的是：计算机绘制平面图线的最初阶段是生成 "草图"，在草图中可以留存多余线段。原因是计算机软件提供多种修改图线的功能，在后续阶段可以迅速方便地将草图中的图线修整成为规范的轮廓线。

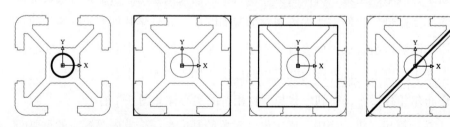

图 5-2 绘制型材截面图形的第一阶段

在 AutoCAD 软件中绘制 2020 型材截面图线的过程如下:

（1）绘制位于截面中心的圆。在绘制之前，先要判断建模软件目前所处的操作状态，确认其他操作过程已经结束，目前为等待外界输入新操作命令的状态。将计算机的文字输入方式调整为英文输入状态。用鼠标左点击方式，将输入"焦点"定在 AutoCAD 软件界面的命令输入行控件上。

用键盘输入简写命令词"C"，进入绘制整圆（Circle）的操作状态。观察在命令行中显示的提示信息（图 5-3 第四行）。第一步用键盘输入圆心的直角坐标"0，0"，输入回车键表示坐标值输入完毕。观察软件给出的提示（图 5-3 第六行），确认上一步操作正确。第二步用键盘输入 2.4（毫米）作为圆的半径值。输入回车键表示完毕。操作结果如图 5-2 左所示。

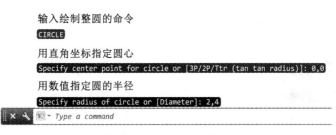

图 5-3　在 AutoCAD 2018 软件中绘制整圆的操作过程

（2）绘制外围边长为 20 毫米的正方形（图 5-2 左中）。输入简写命令词"Rec"，进入绘制矩形框（Rectangle）的操作状态。观察在命令行中显示的提示字符，确认软件在要求指定矩形框第一点（First Corner），它表示软件"认为"刚输入的命令词正确，所以才要求进行下一步操作。接下来在命令输入栏中，用键盘输入代表直角绝对坐标的字符串"-10，-10"和回车键，其作用是指定矩形框的左下角点。观察提示信息，确认软件在要求输入第二点（Other Corner），这表示前一步操作正确。最后用键盘输入字符串"10，10"和回车键，这一步操作的作用是指定矩形框的右上角点（图 5-4）。

输入绘制矩形框的命令
`RECTANG`

输入直角坐标,指定矩形框的左下角点
`Specify first cornet point or [Chamfer/Elevation/Fillet/Thickness/Width]: -10,-10`

输入直角坐标,指定矩形框的右上角点
`Specify other cornet point or [Area/Dimensions/Rotation]: 10,10`

图 5-4　在 AutoCAD 2018 软件中绘制矩形框的操作步骤

（3）用平行复制形式生成型材内壁正方形（图 5-2 右中）。输入命令词 "Offset"，进入平行复制操作状态。用键盘输入 1.8（毫米）作为平行线间距值。以鼠标左点击方式选择外围正方形为复制对象。移动鼠标在矩形框内部区域左点击，用这种指定点的方式指出图线平行复制的方向（图 5-5）。

输入平行复制命令　`Command: OFFSET`
显示当前对于平行复制操作的三种设置
`Current settings: Erase source=No  Layer=Source  OFFSETGAPTYPE=0`
输入数值,设置平行间距
`Specify offset distance of [Through/Erase/Layer]: 1.8`
选择被复制的图形对象
`Select object to offset or [Exit/Undo] <Exit>:`
用指定一个点的形式,指定复制的方向
`Specify point on side to offset or [Exit/Multiple/Undo] <Exit>:`
`OFFSET Select object to offset or [Exit Undo] <Exit>:`

图 5-5　在 AutoCAD 2018 软件中进行平行复制

（4）绘制斜对角线（图 5-2 右）。该直线的两个端点都位于外围矩形框的角点。第一种绘制方法是用输入坐标值的方式指定直线端点。第二种方法是运用计算机建模软件特有的对象捕捉（Object Snap）功能，由 AutoCAD 软件来 "负责" 将直线端点准确地 "捕捉" 到外围矩形框的角点上（图 5-6）。

绘制斜对角线的具体操作是：输入简写命令词 "L"，进入绘制直线（Line）

的操作状态。在指定直线起点的阶段，用键盘输入修饰词"end"和回车键。AutoCAD 软件接着会显示提示字符"of"（图 5-6 左下）。它的含义是要求软件操作者选择一条图线，软件将用该图线的一个端点（靠近选择点）作为直线的起点。为了做到这一点，我们应该移动鼠标，驱使代表光标的选择框位于矩形框边线上，然后鼠标左点击实施捕捉（图 5-6 左上）。在指定了斜对角线起点之后，用同样的捕捉端点方式来确定斜对角线终点位置。

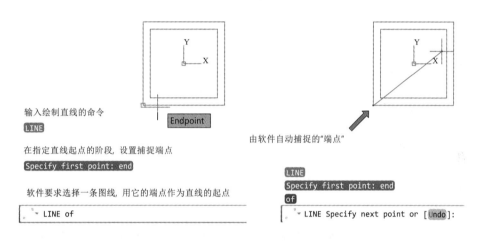

图 5-6 用捕捉端点的形式指定直线的起点

在上述捕捉图线端点作为直线起点的过程中，建模软件的操作者与计算机软件之间互相传递信息。第一步是软件操作者用键盘输入命令词的方式"要求"建模软件进入绘制直线的操作状态。第二步是建模软件用显示提示字符的形式"希望"软件操作者指定直线的起点。第三步是软件操作者用键入修饰词"end"的方式"告诉"建模软件以捕捉端点的形式指定直线的起点。第四步是建模软件理解了软件操作者的意图，再次用提示信息"of"来"通知"软件操作者选择一条图线。建模软件会根据软件操作者选择的那条图线，根据光标在选择该图线时所处的位置，指定一个端点，将这个端点作为直线的起点。除端点以外，我们还可以捕捉其他特征点。

（5）先用同样方式绘出型材截面上的另一条对角线。然后用平行复制方式绘出代表交叉筋肋的四条斜线（图5-7左）。输入命令词"Offset"，进入 AutoCAD 软件的平行复制操作状态，因为型材筋肋的总厚度为2.8毫米，所以设置平行间距值为1.4毫米，选择斜对角线作为被复制的图形对象，用回车键结束选择。第一次用鼠标左点击方式，在斜对角线的上方区域指定图线复制方向，第二次在斜对角线的下方区域点击，指定图线复制方向。

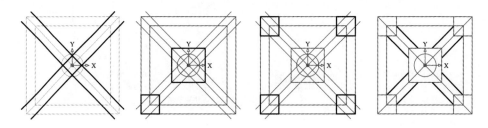

图 5-7　绘制型材截面图形的第二阶段

（6）以坐标原点为对称中心，绘出边长为7毫米的正方形（图5-7左中）。输入简写命令词 Rec，进入绘制矩形框的操作状态。在软件界面底部的命令输入行内，键入正方形左下角点的绝对直角坐标"-3.5，-3.5"和回车键。第二步继续键入正方形右上角点的绝对直角坐标"3.5，3.5"和回车键。

（7）在外围矩形框的左下角绘一个边长为4毫米的辅助正方形（图5-7左中）。输入简写命令词 Rec，进入绘制矩形框的操作状态。键入修饰词"end"启用捕捉端点的功能。用自动捕捉外围矩形框左下角点的方式，指定正方形的左下角点。在指定正方形右上角点时，我们可以使用的第一种方法是输入绝对直角坐标(-6，-6)。为了得出这两个坐标值，需要进行换算(-10+4=-6)。第二种方法是使用相对直角坐标(@4，4)。所谓相对坐标是相对于前一点（即外围矩形框左下角）的坐标。字符 @ 表示使用相对坐标。

在指定了矩形框的第一个角点之后，需要判断实体捕捉功能的设置状态。判断的方法是移动鼠标控制的光标，首先观察光标在移近某条图线时的形状和位置变化。还要观察在光标附近是否出现表示特征点名称的字符。如果实体捕捉处于有效状态（On），需要用功能键 F3 进行切换，将其设置为不捕捉图线特征点（端点、交点、中点、圆心点等）的关闭（Off）状态。实体捕捉有可能会干扰下一步设置正方形第二个角点的操作。

（8）生成位于型材图形四角的其余三个正方形（图 5-7 右中）。与手工作图完全不同的是，计算机建模软件不仅仅具有绘制新图线的功能，它还可以用其他多种方式生成图形对象，其中最常用的是复制（Copy）操作。为了复制图形，我们需要进入建模软件的复制操作状态，选择被复制的图形对象，在软件提供的两种复制方式中进行挑选，按照软件提示进行操作。

用复制方式生成其余三个小正方形的操作分成两个步骤（图 5-8）。第一步用位于左下角的小正方形生成位于左上角的小矩形框。第二步用位于左侧的两个小正方形生成位于右侧的两个小正方形。在操作中使用从基点到目标点的复制方式，在矩形框上指定一个基点，在外围矩形框上指定目标点。用所选基点作为复制矢量的起点，用指定的目标点作为复制矢量的终点。

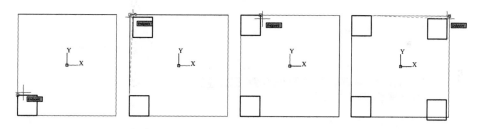

图 5-8　用指定基点和目标点的方式复制图形对象

第一步的复制操作是输入简写的命令词 CP，进入复制操作状态。用鼠标左点击的方式选择位于左下角的小正方形作为被复制的对象。输入回车键作为选择复制对象的阶段结束。键入修饰词"end"，表示要用捕捉端点的方式指定基点。移动鼠标，使选择框位于小正方形的上边线左侧，鼠标左点击实施捕捉，将小正方形左上角点作为复制的基点（图 5-8 左）。再次键入修饰词"end"，进行同样操作，将外围矩形框的左上角点作为目标点（图 5-8 左中），按照从基点复制到目标点的矢量复制被选的小正方形。

在第二步的复制操作中，选择位于左侧的两个小正方形作为被复制的对象，输入回车键作为被复制对象的选择结束。接下来同样使用建模软件的对象捕捉功能，用捕捉图线端点的方式，指定位于左上角的小正方形右上角点作为基点（图 5-8 右中），选择型材外围矩形框的右上角点（端点）作为目标点（图 5-8 右）。第二步操作将两个正方形复制成为四个正方形。

（9）进行多次修剪（Trim）操作。使前阶段绘出的型材截面图线草图转变为型材截面轮廓线（图 5-9）。修剪操作的作用是去除草图中我们不需要的线段。图 5-7 右是第一轮修剪操作的结果。在 AutoCAD 软件的等待输入命令状态，用键盘输入简写命令词"TR"，进入修剪操作状态。用鼠标左点击方式，将草图的中间矩形框和四周小正方形选择为切割边，输入回车键表示切割边选择阶段结束。然后在被删除部位选择四条筋肋斜线进行修剪。

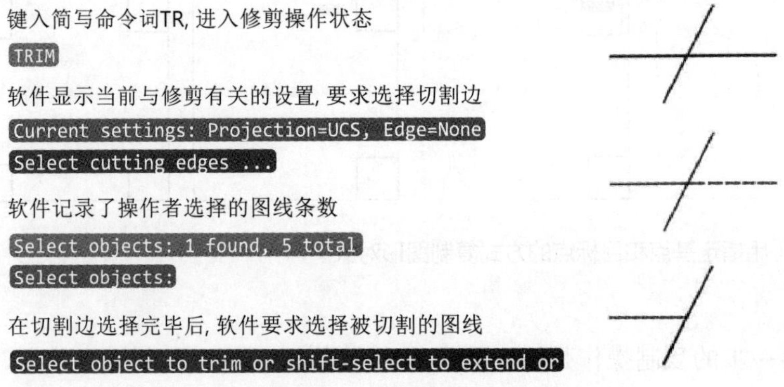

键入简写命令词TR,进入修剪操作状态

`TRIM`

软件显示当前与修剪有关的设置,要求选择切割边

`Current settings: Projection=UCS, Edge=None`
`Select cutting edges ...`

软件记录了操作者选择的图线条数

`Select objects: 1 found, 5 total`
`Select objects:`

在切割边选择完毕后,软件要求选择被切割的图线

`Select object to trim or shift-select to extend or`

图 5-9　在 AutoCAD 2018 软件中，进行修剪图线的操作

图 5-10 左是第二轮修剪操作的结果，将草图的四条筋肋斜线作为切割边，对中间矩形框和四周小正方形进行修剪。图 5-10 左中是第三轮修剪结果。在这一步操作中，将草图中的内壁矩形框作为切割边，对四个小正方形进行修剪。在修剪以后，每个小正方形只保留很短的线条。

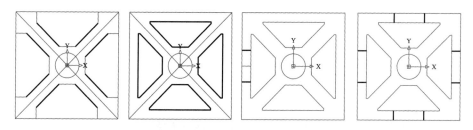

图 5-10　绘制型材截面图形的第三阶段

修剪操作的实质是"切割"和"删除"。一部分图线被指定为用于切割的边界线，另一部分图线被指定为被切割的对象，切割边界线将被切割图线"一割为二"。建模软件根据光标选择图线的位置删除其中一段。

（10）在型材图线左侧形成一个缺口。为此先要绘出中心线。该中心线的起点和终点都是中点（Middle Point），是外围矩形框和内部矩形框的直线段的中点。绘直线的命令是 Line，捕捉中点的方式是在指定点的阶段输入修饰词"mid"。在生成缺口中心线以后，比较简单的形式是用平行复制（Offset）的方式将原先的一条中心线复制成为位于缺口两侧的轮廓线（图 5-10 右中），两条缺口轮廓线的间距为 6.2 毫米。

（11）生成其余三个缺口的侧面轮廓线。为了提高绘制效率，使用 AutoCAD 软件的环形阵列（Circular Array）功能，围绕型材截面图线的中心点，对所选的图线进行复制操作。用键盘输入命令词"Array"，进入 AutoCAD 2018 软件的阵列操作状态，用人机对话的方式设置一系列阵列操作参数。

阵列操作的第一步是选择阵列操作的图形对象（图 5-11 第三行），用鼠标左点击的方式选择位于左边缺口两侧的轮廓线，输入回车键表示选择结束。第二步是用键入选项标识字符"po"的形式指定阵列类型是环形阵列（图5-11 第七行）。第三步指定环形阵列的中心点（图5-11 第十行）。

输入命令词 ARRAY, 进入阵列操作状态
```
Command: ARRAY
```
选择被阵列的图形对象
```
Select objects: 1 found
Select objects:
```
指定阵列的类型为环形阵列
```
Enter array type [Rectangular/Path/POlar] <Polar>: po
```
指定环形阵列的中心点
```
Type = Polar  Associative = Yes
Specify center point of array or [Base point/Axis of rotation]: 0,0
```
指定图形对象被复制的个数（包括本身）
```
Select grip to edit array or [ASsociative/Base point/Items/Angle between/Fill angle/ROWs/Levels/
ROTate items/eXit]<eXit>: i
Enter number of items in array or [Expression] <6>: 4
```
指定图形对象分布的角度范围
```
Select grip to edit array or [ASsociative/Base point/Items/Angle between/Fill angle/ROWs/Levels/
ROTate items/eXit]<eXit>: f
Specify the angle to fill (+=ccw, -=cw) or [EXpression] <360>:
```
决定图形对象在阵列分布时是否要旋转？
```
Select grip to edit array or [ASsociative/Base point/Items/Angle between/Fill angle/ROWs/Levels/
ROTate items/eXit]<eXit>: rot
```
```
ARRAY Rotate arrayed items? [Yes No] <Yes>:
```

图 5-11　AutoCAD 2018 软件中的阵列操作对话框

　　阵列操作第四步是在软件列出的一系列操作选项中进行选择（图 5-11 第十二行），用键入选项标识字符"i"的形式，选择"Items"选项，进入设置环形复制次数的阶段，在下一步操作中输入代表复制次数的数值。第五步操作是键入选项标识字符"f"，选择"Fill angle"选项，进入设置环形复制角度的阶段，用输入回车键的形式接受建模软件给出的 360°（整周复制）缺省设置（图 5-11 第 16 行）。第六步操作键入选项标识字符"rot"，在软件列出的一系列选项中选择"ROTate Items"选项，决定在环形复制过程中

是否要旋转被复制图形对象（图5-11第18行），用输入回车键的形式接受"要旋转"的缺省设置，每一次复制都旋转指定角度。

（12）在型材截面图线上形成可以穿过螺钉的缺口特征。需要对型材截面图线中的外围矩形框和内壁矩形框进行修剪操作。输入命令词 Trim 和回车键，进入 AutoCAD 软件的修剪操作状态。选择缺口侧面轮廓线（一共是八根短直线）作为修剪操作中的切割边，输入回车键表示切割边选择阶段结束，进入下一阶段的修剪实施阶段。在缺口部位选择外围矩形框和内壁矩形框，将这两个矩形框作为被修剪的图形对象（图5-12左）。

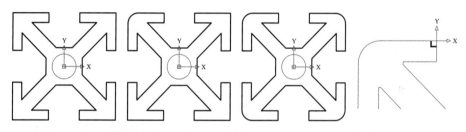

图 5-12　绘制型材截面图形的第四阶段

（13）为了在型材截面图形的外围轮廓四角形成圆角特征，需要使用 AutoCAD 软件的倒圆角（Fillet）功能。输入命令词 Fillet 和回车键，进入 AutoCAD 软件的倒圆角操作状态。软件给出一系列操作选项。用键盘输入选项标识字符"R"，表示调用其中改变圆角半径的选项"半径（R）"，用键盘输入数值2作为圆角半径，输入回车键结束半径值的输入。移动鼠标，改变光标在屏幕中的位置，在外围轮廓左上角的垂直直线段上左点击，在外围轮廓左上角的水平直线段上左点击，生成圆角（图5-12左中）。重复此项倒圆角操作，在外围轮廓的四角都形成圆角特征（图5-12右中）。

（14）在型材表面形成用于定位的沟槽。为此需要对型材截面图形的缺口部位图线进行修改，从由两条直线构成的直角改为台阶形的折角（图5-12

右）。已知台阶的垂直边长为 0.5 毫米，台阶的水平边长为 0.5 毫米。

为了便于确定台阶形折角线上各点的位置，避免坐标值换算，应该改变 AutoCAD 软件的用户坐标系（UCS），将其原点移动到型材缺口的拐角点。为此需要输入命令词"UCS"和回车键，进入调整用户坐标系的操作状态。用键盘输入字符"O"，在软件提供的一系列操作选项中选择"Origin"选项，用来改变坐标系原点位置，实现坐标系的平移。在软件提示指定新的坐标系原点的状态下，输入修饰词"end"，启用软件的实体捕捉功能，设置为捕捉端点。在捕捉端点的前期准备工作完成后，移动鼠标光标捕捉型材缺口的角点，将用户坐标系的原点设在该点上（图 5-12 右）。

在新的用户坐标系中，垂直台阶边直线起点的直角绝对坐标为"-0.5，0"，该直线终点的绝对坐标为"-0.5，-0.5"。水平台阶边直线的起点等于垂直台阶边直线的终点，该直线终点的直角坐标为"0，-0.5"。绘出的台阶形折角如图 5-12 右所示。在输入坐标时，要注意在底部命令行输入与在动态输入行输入的区别，在屏幕中的动态输入行内输入数据时，要注意系统变量 DYNPICOORDS 的取值（它牵涉绝对坐标和相对坐标的设置）。

（15）在单个缺口的两侧都生成台阶形折角线（图 5-13 左），为此需要使用平面镜像（Mirror）功能。用键盘输入简写命令词"MI"和回车键，进入平面镜像操作状态。移动光标，用鼠标左点击形式选择组成台阶形折角的两条直线作为镜像操作对象，输入回车键表示操作对象选择结束。

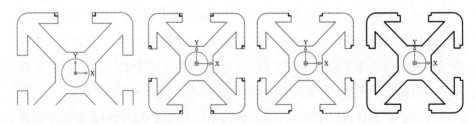

图 5-13　绘制型材截面图形的第五阶段

当操作对象选择完毕后，余下的工作就是指定镜像对称轴。在本次操作中，将用户坐标系的 Y 轴作为镜像对称轴。为此在软件界面底部的命令输入行内，首先输入直角绝对坐标"0，0"，将坐标系原点作为镜像对称轴的起点，然后输入直角绝对坐标"0，10"，将 Y 轴上的一点作为镜像对称轴的终点。最后接受软件的缺省设置方式（不删除作为操作对象的图线）（图 5-14）。

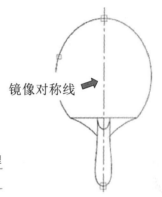

输入简写的操作命令词　`Command: MI`

软件确认进入镜像操作状态，提示选择操作对象

`MIRROR` `Select objects: 1 found`

在操作对象选择完毕后，软件提示要指定镜像对称线上的第一点

`Select objects: Specify first point of mirror line:`

在第一点指定完毕后，软件提示要指定镜像对称线上的第二点

`Specify second point of mirror line:`

在镜像对称线设置完毕后，软件要求指定对操作对象图线的处理

`MIRROR Erase source objects? [`Yes`No`] <No>:`

镜像对称线

图 5-14　在 AutoCAD 2018 软件中进行镜像操作

（16）在型材截面图线的其余三个缺口处生成台阶形折角线。为此要使用 AutoCAD 软件的环形阵列功能（图 5-13 左中）。在通过环形阵列复制图形对象的操作过程中，首先要进入软件的阵列操作状态。在 AutoCAD 早期版本中，提供对话框形式的设置方式。在 AutoCAD 2018 中，使用字符对话形式的设置方式。进入阵列操作状态之后，第一步要选择被复制的图形对象。第二步是将阵列类型设置为 "环形阵列"。第三步设置环形阵列的中心点，使得被选择的图形对象围绕这个中心点实现环形复制。第四步是指定复制图形对象的个数。第五步是指定环形阵列分布的角度范围。第六步是决定在环形复制过程中是否要保持图形的原有方位。

（17）为了形成型材缺口处的轮廓线上，形成台阶形折角（图 5-13 右），需要进行修剪（Trim）操作。输入命令词 Trim 和回车键，进入修剪操作状态。以台阶形折角线为切割边，对原有轮廓线上的直线段进行修剪。修剪操作的注意事项包括：①在选择切割边图线阶段和选择被切割图线阶段之间需要输入回车键作为分隔；②要在需要删除的部位选择被修剪图线。

第二节

齿轮实心体建模

　　齿轮（gear）是重要的机械传动零件。从精密仪表到巨型矿山机械，许多机器都要通过齿轮与齿轮的啮合来传递旋转运动和转矩。齿轮的啮合表现为两齿轮齿部轮廓线的互相接触。当一条动直线在平面上沿着一个固定的圆作纯滚动时，该直线上一个定点的轨迹形成渐开线（involute），大部分齿轮的齿部轮廓线均为渐开线。渐开线的形状可以用渐开线方程来描述，渐开线方程规定了渐开线上某一点的对应展角与其半径值的函数关系（图5-15）。

　　齿轮零件三维建模的过程如下：

　　（1）规定齿轮的模数为3，小齿轮齿数为20，大齿轮齿数为30。运用渐开线方程开发计算机应用程序，运行程序计算出两个齿轮的基圆半径、分度圆半径、齿顶圆半径和齿根圆半径。同时，根据渐开线展角计算出对应基圆的射线角、对应分度圆的射线角和对应齿顶圆的射线角（图5-16）。

　　（2）根据计算获得的半径值，以小齿轮的中心为圆心，分别绘制四个整圆，它们是小齿轮的基圆、分度圆、齿顶圆和齿根圆（图5-17左）。

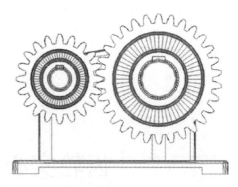

图 5-15 用 AutoCAD 软件生成的齿轮传动模型（参见书后彩图）

图 5-16 运行计算机应用程序获取小齿轮和大齿轮绘制参数

（3）根据计算出的射线角，从齿轮中心出发，使用极坐标，绘制三条射线，它们分别是对应基圆、对应分度圆和对应齿顶圆的射线（图5-17左）。

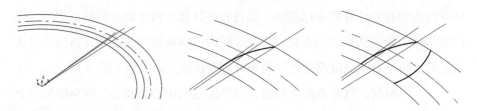

图 5-17 渐开线齿轮建模的第一阶段

"射线角"是射线与用户坐标系 X 轴之间的夹角。"对应基圆的射线角"是从齿轮中心出发，到渐开线与基圆交点的半径线与 X 轴之间的夹角。同理，可以得出"对应基圆"和"对应分度圆"的射线角定义。

（4）绘出一条近似于渐开线的圆弧（图 5-17 中）。键入字符"A"，进入绘圆弧（Arc）操作状态，依次指定圆弧的起点、圆弧第二点和圆弧的终点，三个点全部用捕捉交点（圆与直线的交点）的形式指定，生成一段圆弧。

（5）用镜像方式产生另一半轮廓圆弧（图 5-17 右）。键入字符"Mirror"，进入镜像操作状态。将第一条轮廓圆弧选为操作对象，在用户坐标系的 X 轴上指定两个点（0，0 和 0，10），将 X 轴作为镜像操作中的对称轴。

（6）修改轮廓圆弧。当齿根圆的半径大于基圆半径时，用齿根圆对轮廓圆弧进行修剪（图 5-18 左）。当齿根圆半径小于基圆半径时，则需要以齿根圆作为延伸边界，对两条轮廓圆弧进行延伸（Extend）操作。

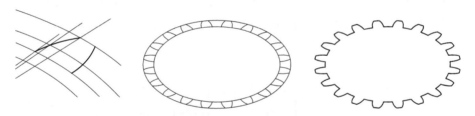

图 5-18　渐开线齿轮建模的第二阶段

（7）将单个齿的轮廓线（图 5-18 左）拓展成为完整的齿轮轮廓（图 5-18 中）。键入命令词 Array 进入阵列操作状态。在对话框中指定环形阵列类型。阵列对象是两条齿廓圆弧，环形阵列的中心是齿轮中心，需要输入的"项目总数"是齿轮的齿数（20），环形阵列的分布角度为 360°。

（8）用修剪功能去除齿根圆和齿顶圆中不需要的部分，形成完整的齿轮轮廓线（图 5-18 右）。键入命令词 Trim 进入修剪操作状态。用修饰词"All"选择所有的线条为剪切边，输入回车键表示剪切边选择阶段结束。在齿根圆和齿顶圆上的被删除部位，用鼠标左点击的形式逐一进行选择。

（9）用平面多段线编辑功能将各自独立的齿廓圆弧、齿根圆弧和齿顶圆弧连接为单条闭合的平面多段线。键入命令词 Pedit，进入平面多段线编辑操作状态。选择一条圆弧作为被编辑对象，根据软件的操作提示将其从圆弧转换为一段平面多段线。键入字符"J"，选择"Join"选项，然后用修饰词"All"选择所有各段齿廓圆弧、齿根圆弧和齿顶圆弧。输入第一个回车键的形式结束连接操作，输入第二个回车键完成平面多段线编辑。此项操作形成作为齿轮轮廓线的平面多段线，它可被用于生成拉伸实心体。

（10）当齿轮零件的平面图线被绘制完毕后，就进入了实心体建模阶段。首先要生成齿轮的外环部分。键入命令词 Extrude，进入拉伸操作状态。运用软件的平面多段线拉伸功能将齿轮的轮廓线（图5-19左）拉伸成齿坯实心体（图5-19中），然后再将齿轮沟槽的外缘图线拉伸成圆柱工具体（图5-19右），最后键入命令词 Subtract，进入实心体布尔相减操作状态。在齿坯实心体占据的空间中减去圆柱工具体，生成齿环实心体（图5-20左）。

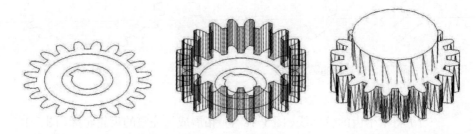

图5-19　渐开线齿轮建模的第三阶段

（11）齿轮零件三维建模的第四阶段是生成沟槽实心体的截面图线。为此需要形成一个H形框架（图5-20中）。H形框架由三条直线组成。其中两条竖线的端点为上端面和下两个端面沟槽边缘圆周的象限点。键入简写命令词L，进入绘制直线的操作状态。在指定直线起点和终点时，都要输入对应象限点的修饰词"qua"。在绘制 H 形框架中间的一条横线时，要捕捉两条竖线的中点，在指定直线起点和终点时输入修饰词"mid"。H 形框架为用户坐标系调整和绘制沟槽实心体的截面图线的基础。

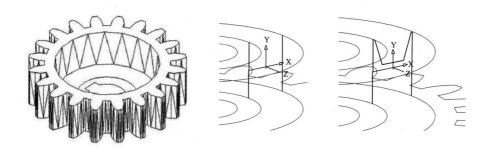

图 5-20　渐开线齿轮建模的第四阶段

（12）因为沟槽截面与用户坐标系原有的 XY 平面不平行，按照 AutoCAD 软件绘制平面图线的规定，必须先调整作图基准平面。键入命令词 UCS，进入调整用户坐标系的操作状态。调用 Origin 选项，捕捉中点（Mid），将用户坐标系的原点从世界坐标系的原点移动到 H 框架中线的中点。调用 X 选项，将用户坐标系绕自身的 X 轴旋转，按照右手螺旋法则旋转 90°。

（13）依托 H 形框架，绘制出折线状的沟槽轮廓（图 5-20 右）。第一步是生成沟槽底线。键入命令词 Offset，进入平行复制操作状态。输入间距值 2，以 H 形框架的中线为操作对象，向上复制作为沟槽底线。

第二步是绘制位于沟槽侧面的边缘线。键入简写命令词 L，进入绘制直线操作状态。直线起点是 H 形框架竖线的上端点。捕捉这个端点作为沟槽侧面边缘线的起点。在指定直线终点时，不适合使用绝对直角坐标，而是要使用相对极坐标（@x，y）。极坐标的极径是直线长度，极角是直线与用户坐标系 X 轴的夹角。在绘出了位于沟槽两侧的直线段以后。键入命令词 Trim，进入修剪操作状态。将沟槽底线和沟槽侧面边缘线选为切割边，修剪掉多余线段，形成完整的沟槽截面图线。

（14）在沟槽轮廓的两个折角处倒圆角，形成沟槽截面图线的上半部分（图 5-21 左）。键入命令词 Fillet，进入倒圆角操作状态。键入字符 R，输入半径值 2。用鼠标左点击方式，选择沟槽底线和沟槽侧面边缘线，形成圆滑过渡。键入命令词 Mirror，进入平面镜像操作状态。将沟槽截面图线的上半部分作为操作对象，以用户坐标系的 X 轴为镜像对称轴，生成沟槽截面图线的下半部分（图 5-21 中）。使用 AutoCAD 软件的平面多段线编辑（Pedit）功能，将沟槽截面图线上的直线段和圆弧段组合成为完整的平面多段线。此项操作生成的平面多段线为生成旋转实心体提供操作对象。

图 5-21　渐开线齿轮建模第五阶段

（15）运用 AutoCAD 软件的生成旋转实心体功能，生成沟槽实心体（图 5-21 右）。① 将用户坐标系设置为与世界坐标系重合，齿轮的旋转轴与用户坐标系的 Z 轴重合。② 输入命令词"Revolve"和回车键，进入生成旋转实心体的操作状态。③ 移动鼠标光标到沟槽截面图线，用鼠标左点击方式将其选择为操作对象，输入回车键进入下一步操作。④ 指定旋转实心体的中心轴线，选择列表中的 Z 选项，用当前用户坐标系的 Z 轴作为旋转实心体的中心轴线。⑤ 输入旋转实心体对应的圆心角，输入数字"360"，生成一个完整的旋转实心体（图 5-21 右），代表齿轮的圆沟槽实心体。图 5-22 所示为渐开线齿轮模型中的三个组成部分。

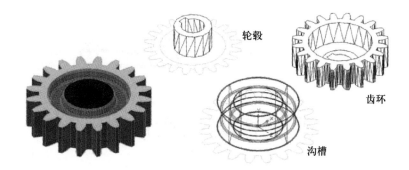

图 5-22　渐开线齿轮模型中的三个组成部分（参见书后彩图）

第三节

手机托架创意设计

为了用计算机建模软件生成一个手机托架的实心体模型，首先要调查和获取设计数据。这些数据包括现有手机架的尺度、手机的外形尺度、笔的直径和长度等。有了设计数据以后，在 AutoCAD 软件中第一步生成手机托架的三维线框模型。第二步在特定的作图平面内绘制截面图线。第三步用截面图线生成实心体。第四步在实心体中添加必要的结构细节。

在 AutoCAD 软件的缺省状态，以用户坐标系的 XY 平面为基准平面。第一步，键入简写命令词 Rec，用测绘所得的手机长度作为矩形框在 X 轴方向的长度，用手机宽度作为矩形框在 Y 轴方向的长度，绘出对称于用户坐标系原点的矩形框。第二步，键入命令词 Fillet，用自己选定的半径值对绘出的矩形框倒圆角。第三步，根据自己对手机托架的尺度考虑，以坐标系原点为对称中心，绘制出两个矩形框，代表手机托架的上下端面。第四步，以坐标系原点为圆心，绘出代表笔杆的整圆（图 5-23 左）。第五步，运用 AutoCAD 软件的三维视图功能，将观察设计对象的视线设置为"西南等轴测"

（图 5-23 右），准备在下一阶段生成设计对象的三维线框。

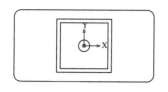 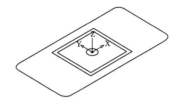

图 5-23　在基准面中绘制平面图形

　　在大多数的创意设计中，并不是直接生成实心体模型，而是先创建一个位于空间的三维线框模型。这个线框模型规定了设计对象的大致框架，描绘了外观形状，同时也表现了设计对象中各个组成部分的相对位置。

　　因为三维线框简单，修改三维线框的工作量远小于修改实心体，所以我们一般会根据创意设计的要求，先反复修改三维线框模型，一直到令人满意为止。在设计的第二阶段，再依托三维线框进行后续的实心体建模。

　　在平面图线绘制完成后，我们需要将它们扩展成为三维线框。图 5-24 左所示为移动操作的结果。键入简写命令 M，将代表底座上端面的矩形框沿用户坐标系的 Z 轴正方向移动一段距离。移动的距离就是手机托架底座的高度。图 5-24 右是先移动，后旋转的操作结果。分别指定沿 X 轴的位移分量和沿 Z 轴的位移分量，将代表手机的矩形框移动到空间的一个位置。然后键入命令词 Rotate3D，在空间设置一根平行于 Y 轴的旋转轴，使矩形框绕这根轴旋转适当的角度，该角度与手机的摆放位置有关。

　　在生成了三维线框以后，第一步需要指定一个新的作图基准面。为此键入命令词 UCS，调用 X 选项，将用户坐标系的 XY 平面从原来的水平位置旋转到垂直位置（图 5-25 左）。第二步键入简写命令词 PL，用 AutoCAD 软件的绘制平面多段线功能绘出手机托架的截面图线。在指定平面多段线中各个顶点位置时，要综合使用多种定点方式（屏幕定点、坐标定点）。在输入顶点坐标时，可按照实际需要，分别使用绝对坐标和相对坐标。

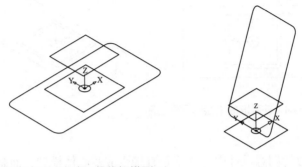

图 5-24　生成三维线框模型

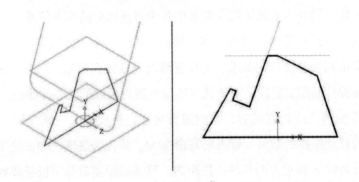

图 5-25　绘制位于特定截面上的平面图形

　　为了改进外观，第一步键入命令词 Fillet，在截面图线中的各个折角处形成不同半径的圆角过渡。为了减少手机托架的材料，第二步用绘制平面多段线的形式，在垂直的作图基准面内再添加两条封闭图线（图 5-26 左），第一条图线在拉伸后用于形成基体中部的空腔，第二条图线在拉伸后用于形成基体底部的空腔。第三步使用建模软件的拉伸（Extend）功能，将代表手机托架截面轮廓的平面多段线拉伸成实心体（图 5-26 右），拉伸从当前用户坐标系的 XY 平面开始，拉伸厚度为手机托架的宽度。

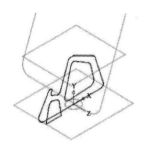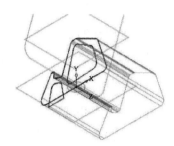

图 5-26　将平面多段线拉伸为实心体

　　在生成了作为手机托架基体的实心体以后，需要调整它的位置。键入简写命令词 M，进入移动图形对象的操作状态。沿着当前用户坐标系的 Z 轴方向移动，使其处于对称于 XY 平面的位置（图 5-27 左）。继续使用拉伸功能，用另外两条代表内腔轮廓的平面多段线生成长度不同的工具实心体，然后分别将它们移动到对称位置和"贯穿"位置。执行实心体之间的布尔相减操作，从手机托架基体中减去工具体占据的空间（图 5-27 右）。

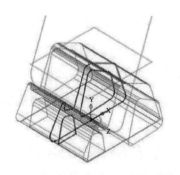

图 5-27　实心体布尔相减操作

　　为了使手机托架同时具有笔架的作用，需要在其背部生成一个圆孔特征。为此第一步需要平移代表笔杆轮廓的整圆，将它的圆心从原来的世界坐标系原点平移到手机托架毛坯的斜面上。第二步将原先水平位置的整圆旋转适当角度作为插笔圆孔的基准面。第三步生成代表圆环外边缘的整圆。第四步将笔杆整圆拉伸，生成用于布尔相减的工具实心体。对其底部边缘倒斜角（Chamfer）和倒圆角。第六步生成代表插笔圆环的圆柱体（图 5-28 左）。第七步通过实心体布尔相加操作，使基体与圆环实心体融为一体。再运用实心体布尔相减功能，在基体中减去插笔杆工具体（图 5-28 右）。

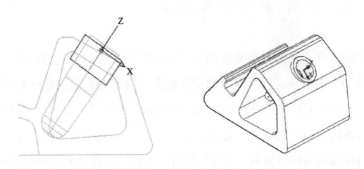

图 5-28　在实心体上增加新的结构特征

为了使手机托架的视觉形象表现出某种变化，需要改变原先有的立方体外形。为此生成一个新的三维线框（图 5-29 左）。其功能是确定切割实心体的四个平面。第一步禁用对象捕捉功能，避免对热点拖动操作的干扰。第二步运用 AutoCAD 软件的热点（Grip）拖动功能，使用相对坐标移动三维线框的顶点位置，形成具有倾斜侧面的四棱台形状特征（图 5-29 右）。

所谓"切割"实心体是建模软件用一个平面将所选的实心体一分为二。键入命令字符 Slice，进入 AutoCAD 软件的切割实心体操作状态。选择被切割的手机托架基体，输入回车键结束选择。在软件提供若干操作选项当中，调用"3points"，用位于空间的三个点指定一个切割实心体的平面。启用 AutoCAD 软件的对象捕捉（Object Snap）功能，在指定点的阶段，都用键盘输入修饰词"end"，要求 AutoCAD 软件自动捕捉线框直线段的端点。在切割平面设定完毕后，AutoCAD 软件会要求操作者给出对切割结果的处理意见。最简单的处理是在要保留的（切割平面）一侧指定一个点。还有一种处理形式是输入选项标识字符"B"，将切割形成的两个实心体都保留下来。最后调用建模软件的删除功能，去除不需要的那个实心体。

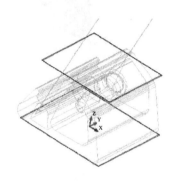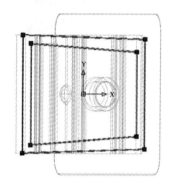

图 5-29　用平面切割实心体

在手机托架的三维造型最后阶段，要对实心体的各个边缘进行光顺处理（图 5-30），目的是体现"外观圆润"风格，增加拿握舒适感。向 AutoCAD 软件的命令输入行键入命令词 Fillet，移动鼠标驱使光标靠近需要倒圆角的实心体边缘线，用鼠标左点击的形式加以选择。接受软件缺省设置的倒圆角半径值，或者输入新的半径值。必要时，调用软件提供的成链选择（Chain）功能，由软件自动选择与当前被选边缘相连的所有实心体边缘。

如果我们将自己的创意与计算机建模软件的图线绘制、图线位置修改、实心体建模和修改、视图布局等功能有效地结合起来，就能够清晰直观地表达头脑中的原始构想，用比较短的时间，相当低的代价完善设计方案，生成复杂程度不同的几何形体，为后续的 3D 打印操作提供数字模型。

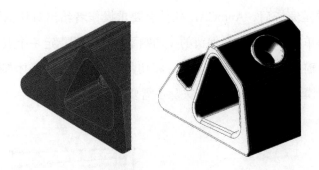

图 5-30　实心体边缘倒圆角前后的比较

第四节

从数字模型到实物模型的转换

通过在计算机建模软件中的操作，我们得到了代表数字模型的图形文件。接下来要做的第一步工作是将图形文件转换成 STL 文件。第二步将 STL 文件转换为 G 指令文件。第三步进入 3D 打印加工实物模型的阶段。

在 AutoCAD 软件内部，就可以完成图形文件转换为 STL 文件的操作。图 5-31 左所示为 AutoCAD 2004 软件通过逐级选择菜单选项，在"输出数据"对话框内设置文件类型为"stl"，从而将 DWG 文件转换为 STL 文件。

在切片软件中导入 STL 文件后，需要判断模型的原始位置是否符合 3D 打印的要求。如果模型的位置不合适（图 5-31 右），要用软件的旋转功能调整其方位。模型旋转后（图 5-32 左）才能进行切片处理。

切片软件完成对模型的切片处理后，得到在各个截面上的 3D 打印头移动轨迹。这些移动轨迹数据，连同各种 3D 打印设置组成 G 指令文件。只有获得了 G 指令文件，并将其输入到 3D 打印机，才能打印出实物（图 5-32 右）。

图 5-31　生成 STL 文件和导入 STL 文件

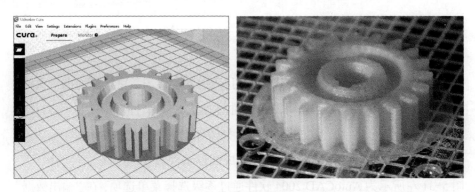

图 5-32　对 STL 文件进行切片处理和 3D 打印出的实物（参见书后彩图）

第六章

3D 打印的方方面面

第一节

3D 打印技术的起源和发展

3D 打印技术的特点是"分层制造"。其他机械切削工艺实行的是"整体加工",而 3D 打印是先将被加工对象切分为若干个水平方位的薄层,然后分别在每个层面上进行涂布成形,通过叠合组成整体。从提出最初的基础概念到目前的大规模推广应用,3D 打印技术经历了漫长的发展阶段[9-13]。

1892 年,J. E. Blanther 提出用分层制造法构成地形图(获得专利)。1902 年,Carlo Baese 提出用光敏聚合物制造塑料构件的设想。1976 年,Paul L. Dimatteo 提出用"轮廓跟踪器"从三维物体中获取许多平面薄片的轮廓形状,然后用激光切割法制造出这些平面薄片,最后用机械连接方式将平面薄片组合成为整体,初步形成物体分层实体制造(laminated object manufacturing, LOM)设想。这类技术最初称为快速成型(rapid prototyping,RP)。

1979 年,日本东京大学(the University of Tokyo)的 Nakagawa 教授开始用分层制造技术制作模具。1986 年,Charles W. Hull 提出用激光照射液态光敏树脂,分层制作三维物体。1987 年,美国德克萨斯大学(the University of Texas）的 Carl Deckard 博士提出选择性激光烧结（selective laser sintering，SLS）加工方案。1988 年，美国 3D Systems 公司制造出第一台液态光敏树脂选择性固化成形机（SLA-250），快速成型技术进入实用化阶段。1989 年，Scott Crump 递交了熔融沉积成型（fused deposition modeling，FDM）专利申请。1990 年，德国 EOS 公司售出第一台激光烧结系统（laser sintering system，LSS）。

2005 年，英国巴斯大学（the University of Bath）的 Adrian Bowyer 博士创建 RepRap 项目，目的是实现 3D 打印机的自我复制，用一台 3D 打印机制造出的零部件，组装出另一台 3D 打印机（图 6-1）。项目团队在互联网上公开了 FDM 打印机的机械设计和运动控制完整方案，大大促进了 3D 打印技术的普及和发展。2009 年，第一台基于 RepRap 开源概念的 3D 打印机（BfB RapMan）投放市场。2013 年，由 Stratasys 公司推出的 Makerbot 台式 3D 打印机受到市场欢迎。3D 打印技术从此进入受人关注的阶段。

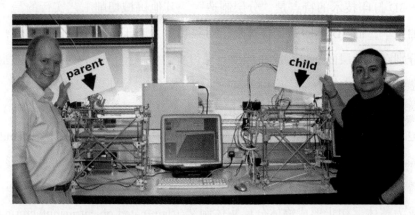

图 6-1　可以自我复制的 RepRap 3D 打印机

3D 打印技术在继续发展。德国 Nanoscribe 公司发布了一款微型 3D 打印机（Photonic Professional GT），能够制作纳米级别的微型结构。硅谷

Carbon3D 公司推出连续液面生长（continuous liquid interface production，CLIP）的 3D 打印技术。美国麻省理工学院开发出用水凝胶作为原材料的高速 3D 打印技术。美国田纳西大学的研究人员用喷墨打印机打印出具有传感检测功能的电子"皮肤"，这种特殊材料可以用来感知机器人的周围环境。

3D 打印使用的原材料已经从塑料拓展到金属，开始用纯金属粉末或合金粉末进行 3D 打印。制备金属粉末的工艺有等离子旋转电极法（Plasma rotation electrod process，PREP）、等离子雾化法（plasma atomization，PA）、气雾化法（gas atomization，GA）等。研究较多的是两种金属粉末混合烧结工艺。其中一种金属粉末的熔点较低，另一种金属粉末的熔点较高。通过计算机程序控制下的高能激光束将低熔点金属粉末熔化，熔化后的金属将高熔点金属粉末黏结在一起，然后再用高温烧结增加物件强度。

通用电气集团（GE）的增材制造子公司（GE Additive）在 2017 年公布了基于三维印刷（three-dimensional printing，3DP）技术的金属 3D 打印机原型机（GEH13D）。它使用不锈钢、镍和铁等粉末合金和液体黏结剂。被黏结剂喷射到的部分金属粉末黏合为一个整体，逐层形成整个模型形状。打印完成后去除松散的金属粉末，再进行高温烧制，目的是增强金属黏合度。用激光烧结工艺制造的异形金属零件已经被成功地作为航空飞行器中的高强度结构件、涡轮机叶片以及发动机零件。金属 3D 打印工艺在模具制造行业被用于制造各种金属模具。

第二节

熔融沉积成型打印技术

熔融沉积成型是最为常见的一种 3D 打印技术（图 6-2）。它使用丝状热熔性原材料，在 3D 打印头内用通电的电阻丝对其加热。通过 3D 打印头沿特定路径移动，利用丝状材料受热熔化、冷却凝固的物理特性，形成一个以零件截面为轮廓的薄片体。熔融沉积成型法采用分层加工形式，当一个薄片体形成后，再在其上面进行新的涂布操作，形成另一个薄片体，许多薄片体的叠合组成整体实物。

在 3D 打印开始之前，先要用切片软件对代表被打印对象的几何模型进行切片（Slicing）处理，把整体分解成若干薄片，产生 3D 打印头移动的轨迹数据。3D 打印的加工参数（切片产生的薄片层厚度、3D 打印头的移动速度、3D 打印头对丝状材料的加热温度等）需要在切片软件中进行设置。

应用熔融沉积成型原理的 3D 打印过程分多个阶段进行。每个阶段生成的形体厚度很薄，内外轮廓与被加工对象保持一致。在某一个薄片体成型阶段中，3D 打印机中的打印头作平面运动，它仅仅是在一个固定的水平面内迂回扫描，3D打印头与工作台面的垂直距离保持不变。在当前高度的薄片体成形完毕后，3D打印头沿垂直方向上升微小距离，或者工作台下降微小距离，进入下一个涂布加工阶段，产生新的薄片体（图6-3）。

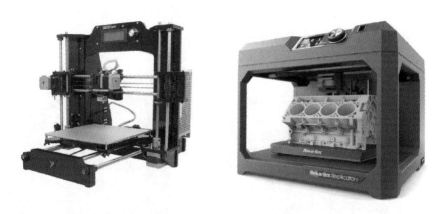

图6-2　使用熔融沉积成型原理的3D打印机

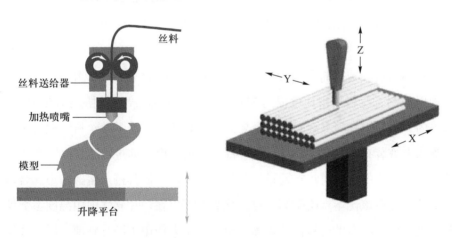

图6-3　熔融沉积成型的示意图（参见书后彩图）

　　熔融沉积成型打印需要有合适的成型材料（直接形成物件的材料）和支撑材料（位于物件以外，起到稳定作用的材料）。要求成型材料具有熔融温度低，黏结性好，收缩率小等特点。熔融沉积成型打印使用的热熔性丝材通常为工程塑料（ABS）或聚乳酸（PLA）材料，它们缠绕在料盘上（图6-4左），然后由位于3D打印头内的进给机构牵引，步进电机驱动进给机构中的主动辊旋转，丝料在供料辊（主动辊与从动辊）的挤压下，通过黏合力和摩擦力的作用，从3D打印头的喷嘴中被逐步送出（图6-4右）。

图6-4　熔融沉积成型法使用的原材料和3D打印头（参见书后彩图）

在熔融沉积成型打印过程中，丝料从喷嘴挤出的速度可以用3D打印参数加以控制。丝料挤出速度要与3D打印头移动的速度保持协调。在3D打印头内，供料辊和喷嘴之间有一个导向套，它的作用是引导丝料顺利通过。在喷嘴上方装有电阻丝加热器，当外部供应的大电流通过电阻丝时，由于电流热效应产生的热量对正在通过的丝料进行加热，使其进入熔融状态。合适的加热温度应该比熔点略微高一点，该温度可以在切片软件中用温度参数调整。处于熔融状态的丝料被从喷嘴挤出，在重力作用下滴落到前一层薄片层的表面，丝料在冷却凝固后与原有形体融合为一体。

第三节

立体光固化成型打印技术

立体光固化成型（stereo lithography apparatus，SLA）利用了特定材料在光线照射下所产生的敏感反应。当一束光线照射到液态的光固化聚合物上面时，在光诱导作用下，聚合物材料内部的低分子化合物产生聚合反应，使材料固化。聚合物上受光照的部分将会从液态转变成固态，没有被照射到光的其余材料仍然为液体状态（图6-5）。这种光固化特性被应用于制造立体光固化成型3D打印机和数字化光处理（digital light processing，DLP）3D打印机。

在采用立体光固化成型技术的3D打印机中，用一束激光照射液态的光敏树脂，激光束照射的方向可以改变，从而在材料表面产生一个可移动的光斑。光敏树脂有光固化特性，在光斑范围内受到光照的材料变成固态，而在其他区域内没有受到光照的光敏树脂仍然保持原有的液体状态。

在立体光固化成型3D打印机中，激光器固定于打印机的上方，激光束从激光器中发出后，在扫描振镜的镜面上发生反射，使得激光束从水平方位转变为垂直方位，变为从上往下照射（图6-6）。扫描振镜有两个活动自由度。在驱动器的作用下，扫描振镜可以分别绕两根轴独立转动。扫描振镜绕轴转动的转动方向、转动角度和速度均由计算机程序控制。

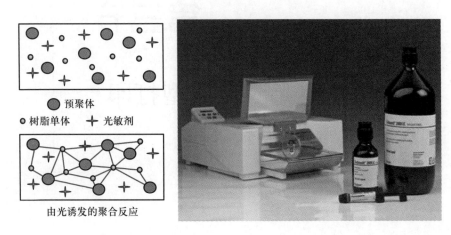

图 6-5　光固化原理与光固化材料

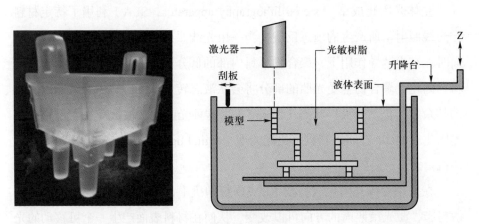

图 6-6　立体光固化成型 3D 打印的制品与工作原理

　　在立体光固化成型 3D 打印机的液槽中盛有液态的光敏树脂，激光束在其表面形成亮度很高的光斑（图6-7）。根据光线的反射定律，扫描振镜方位的变化导致在液面上的光斑位置可以沿 X 轴和 Y 轴方向独立移动，激光器在需要产生光固化反应的时候发出激光束。在不需要产生光固化反应时，关闭激光。激光束在液态光敏树脂表面形成的光斑位置受计算机程序控制。

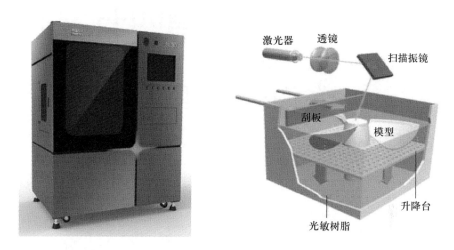

图 6-7　立体光固化成型（SLA）3D 打印机

　　在立体光固化成型过程中，特定波长与强度的激光聚焦到光固化材料表面后，使之由点到线、由线到面顺序凝固，在基体上聚集出一个水平位置的固化薄片体，它的轮廓线与模型当前截面的轮廓相同。每形成一个薄片体后，成型平板下降一段微小距离，水平往复移动的刮板将黏度较大的光敏树脂液面刮平，液态的光敏树脂会流聚到固化形体的上面，重新形成平整液面。然后再进行下一个激光扫描固化过程，开始形成新的薄片体。随着成型过程的深入进行，成型平板的上部会贴附越来越多的固化形体，最终生成完整的被打印对象。每次生成的薄片体厚度仅为数十微米，所以立体光固化成型 3D 打印能够生产出结构细致表面光滑的实物制品。

第四节

数字化光处理打印技术

　　数字化光处理（DLP）是另外一种光固化成型技术。它使用连接计算机的 DLP 投影仪，DLP 投影仪被固定在 3D 打印机的底部（图 6-8 左）或者边上（图 6-8 右），通过直接照射或通过镜面反射，最终在 3D 打印机的透明液槽底部产生含有图案的光照面。液槽中盛放液态光敏树脂。DLP 投影仪光照产生的形体截面轮廓图案由切片处理产生。在光照图案面作用下，液槽底部的液态光敏树脂产生光固化反应。

　　在用数字化光处理技术进行 3D 打印之前，首先用计算机软件对被加工的几何模型进行切片处理，得到一系列截面图案。然后在逐层打印的过程中，依次将这些图案作为影像投射到液态树脂底部表面，使液态树脂中受到光照的部分固化，一次性得到轮廓与当前截面外形相同的薄片体。液槽中设有可以垂直升降的成型平板。其初始位置在液槽下部，固化的光敏树脂黏结在成型平板的底面。在逐层凝固成型的过程中，成型平板逐渐上升，在底部凝聚起一层又一层固化的薄片体，最终形成零件实体（图 6-9）。

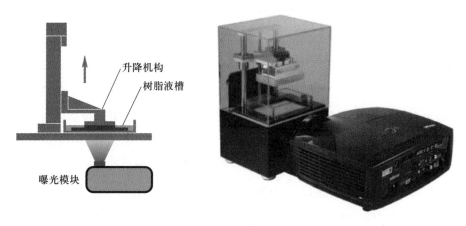

图 6-8　数字化光处理 3D 打印机（参见书后彩图）

升降机构
树脂液槽
曝光模块

图 6-9　用数字化光处理 3D 打印机制作的成品（参见书后彩图）

　　采用数字化光处理成型技术的 3D 打印机体积小，结构相对简单。由于 DLP 投影机投射出的影像分辨率高，所以用 DLP 设备打印出的零件能够更加细腻地显示结构要素，零件加工的尺寸精度可以达到数十微米。DLP 设备投射出的是影像面，它使得液槽中的光敏树脂以一个面为单位进行整体固化。

因此，数字化光处理成型的加工效率高于立体光固化成型。

数字化光处理 3D 打印机由四部分组成。第一部分是机架和盛放液态光敏树脂的容器。第二部分是机械传动系统，它的作用是在初始状态将成型平板降至最低位置，在 3D 打印的过程中，每加工完毕一个薄片体，驱动成型平板上升一段（等于薄片体厚度的）距离。第三部分是 DLP 投影系统，该系统的作用是将切片处理得到的薄片体边缘轮廓面积投影到容器中的液态光敏树脂底部，形成光固化反应。第四部分是计算机控制部分，它的作用是控制机械传动部件的运动，向 DLP 投影系统传输图案信号。

DLP 投影仪的核心器件是美国德州仪器公司（TI）开发的数字微镜元件（digital micromirror device，DMD）。DMD 是一种全数字化的平板显示控制器件。在 DLP 投影机中，从光源发出的光线，在均匀化和分色处理后被投射在 DMD 芯片上。在 DMD 芯片内有上百万个微镜（Micromirror），阵列状排列的微镜与存储单元（CMOS SRAM）被集成在同一块半导体芯片上。每个微镜对应图像中的一个像素，控制入射光与出射光之间的光路。微镜相当于一个光开关，微镜的转动使得光路接通和切断。DMD 成像依靠反射微镜的旋转完成，在外部输入的数字信号控制下，DMD 器件以像素为单位，有选择地将光线发射到投影屏幕，在屏幕中形成特定的图案。

第五节

分层实体成型打印
技术

　　分层实体成型（laminated object manufacturing，LOM）是应用比较早、同时也比较成熟的 3D 打印成型技术。它使用廉价的纸材、聚氯乙烯（PVC）薄膜等材料，采用激光加工的方式切割出薄片，然后用胶水热压黏结的方法，层层叠合制作出实物零件（图 6-10）。LOM 技术适合用于较大产品的可视化概念设计、产品外观评估和熔模铸造。在制作前要用计算机应用程序对零件的三维模型数据进行切片处理，提取一系列用于激光切割的截面轮廓数据。

　　分层实体成型的加工过程分为三个部分（图 6-11）：① 将薄膜材料输送到工作台面；② 用大功率激光束通过加热气化，切割铺设在工作台面上的薄膜材料；③ 对薄膜材料进行加热和黏结。分层实体成型 3D 打印对于所使用的薄膜材料有抗湿性、抗拉强度、收缩率等方面的特殊要求。

　　在起始阶段，分层实体成型使用的薄膜材料被缠绕在料盘中。在位于工作台两边的轧辊带动下，薄膜材料缓缓地传送到工作台面并铺开。

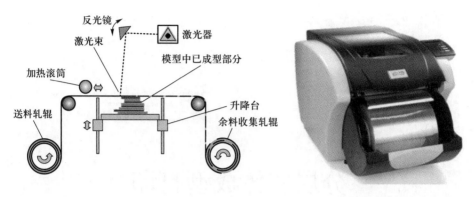

图 6-10　分层实体成型（LOM）3D 打印机

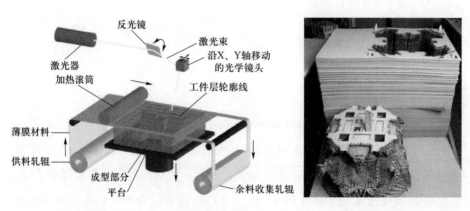

图 6-11　分层实体成型的工作原理与制成品

　　在第二步的激光切割阶段，激光器发出大功率激光束。激光束通过扫描振镜发生光线反射，在薄膜材料表面形成光斑。扫描振镜的镜面方位可以改变，使得激光束形成的光斑位置也可以改变。在加工过程中，激光束沿着特定路径移动，通过加热使光斑所在区域的纸质材料产生汽化，起到分割作用。激光束移动的路径数据通过对几何模型的切片处理得到。

　　在分层实体成型使用的薄膜材料底面，涂有一层用热熔材料制成的黏合剂。在第三步的加热黏压阶段。工作台先带着切割好的薄膜降低一段微小距离（等于薄膜材料厚度）。然后由加热滚筒对其进行碾压，在薄膜底部的胶水作用下与其他成形的薄膜黏合在一起。当一个加工循环结束后，两边的传送轧辊同步转动，将已经被镂空的薄膜材料送出卷起，新的薄膜材料被输送到加工位置，开始新的一轮激光切割和热压黏结加工循环。

分层实体成型的主要优点是：① 加工使用的原材料成本比其他 3D 打印技术的明显低；② 激光束只需要沿薄片的轮廓线切割，不需要在平面区域内来回扫描，因此分层实体成型的加工速度比其他 3D 打印工艺的快；③ 不需要构建另外附加的支撑架构，简化了加工过程；④ 制成品能够承受比较高的温度；⑤ 制成品表面可以打磨和切削加工（图 6-12）。

图 6-12　使用分层实体成型工艺打印的纸质制品

第六节

其他 3D 打印技术

　　聚合物喷射（PolyJet）3D 打印技术的工作原理与喷墨打印机相当类似。它的喷射打印头也是沿横轴方向来回运动，但是从喷头中喷射出的不是墨水，而是颗粒极其细微的光敏聚合物。这种光敏聚合物被光照射以后会发生固化。在最低的一层，光敏聚合材料被喷射到工作台面上，在以后加工的各层，光敏聚合材料被喷射到已经固化的形体上。安装在喷射打印头上紫外光（ultra violet，UV）灯立即发射出紫外光，对喷出的光敏聚合材料进行固化处理。在完成一层的喷射打印和固化后，工作台面会极其精准地下降一个层厚，3D 打印喷头继续喷射出光敏聚合材料，进行下一薄层的打印和固化（图 6-13）。

　　聚合物喷射 3D 打印机使用两种不同类型的光敏树脂材料，一种用来生成实体物件，另一种是类似胶状的材料，用于支撑。这种支撑材料会被精确地添加到复杂模型的所需部位，例如空腔、凹槽、薄壁等。当完成整个打印成型过程后，需要使用水枪清除支撑材料。使用 PolyJet 技术成型的工件其表面光洁度相当高，最薄层厚仅有 16 微米。此外，PolyJet 技术还支持多种色彩、不同材质的材料同时成型（图 6-14）。

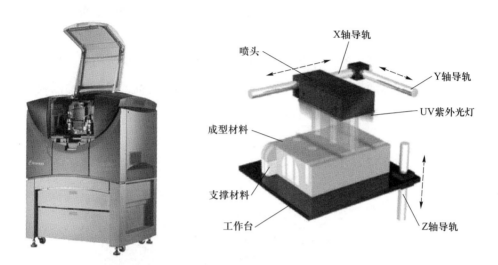

图 6-13　聚合物喷射 3D 打印设备与工作原理

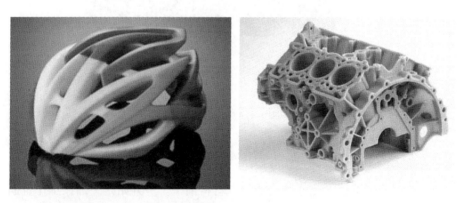

图 6-14　用聚合物喷射 3D 打印出的制成品（参见书后彩图）

三维印刷(three-dimension printing, 3DP)的工作原理类似于喷墨打印机。平铺在 3DP 打印机工作台面上的粉末状陶瓷、金属、塑料材料相当于"纸"。从 3DP 打印机喷嘴中喷出的是黏合剂，相当于"墨"。3DP 打印机的喷嘴在移动过程中有选择地喷涂黏合剂，使得一部分粉末状材料被黏合成固体，其余部分粉末状材料仍然保持松散状态。用切片软件先得到位于模型上的一系列截面轮廓。在 3D 打印过程中，当喷射部位进入截面轮廓范围内时，从喷嘴中喷出黏合剂，使得对应区域内的粉末状材料被胶合成为固体。当喷嘴对准的部位在截面轮廓范围以外时，喷嘴停止喷出黏合剂，截面轮廓区域外的粉末状材料不会被黏合（图 6-15）。

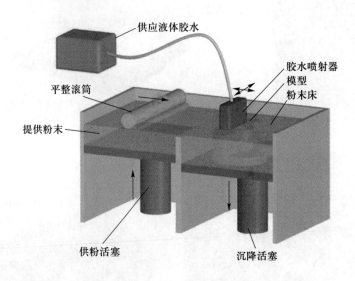

图 6-15　采用三维印刷工艺的 3D 打印机

三维印刷工艺的打印过程分层进行。在每一层的加工过程中，3DP 打印机首先会用分层滚筒把工作槽内的粉末材料铺平。一开始是平铺在工作台面上，在加工过程中是平铺在被打印成型的半成品表面上。接着喷头会按照指定的路径将液态黏合剂喷射到指定区域中。被喷到黏合剂的材料颗粒互相结合成为固体，并且与下层已经固化的部分黏结在一起。因为被喷射黏合剂的区域就是被打印对象的截面区域，所以对一个层面扫描完毕后，被打印的半成品就加厚了一层。工作台面下降一个层厚，分层滚筒再次把粉末状材料推向中间，然后摊平，为新的一层扫描黏结加工做好准备。这种逐层加工的过程反复进行，一直到被打印对象完全形成。

选择性激光烧结（selective laser sintering，SLS）是对粉末状材料进行热加工的 3D 打印工艺，加热粉末状材料的是从大功率激光器中发出的激光束。当激光束照射到粉末状材料表面时，在被照射区域内的材料吸收激光能量产生热激发过程，使这部分材料发生熔融烧结现象，形成局部固体。在没有被激光束照射到区域内，材料仍然保持原来的粉末状态。选择性激光烧结是逐层进行的过程。在一个层面的加工过程中，激光束扫描的路径被限制在立体模型在该层的截面轮廓范围内，最后形成一个薄片体。该薄片体的轮廓与立体模型截面的轮廓相同，并且与下面已成型的固体部分相连接。当所有的层面都被加工完毕后，就形成了被加工零件的整体（图 6-16）。

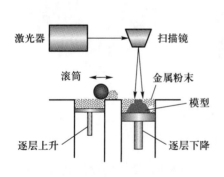

图 6-16　选择性激光烧结（SLS）3D 打印原理

在每一层的加工过程开始之前，都要用 3D 打印机内往复滚动的铺料辊平铺一层粉末材料。一开始粉末是平铺在工作台面上，再后来是平铺在已经烧结固化的形体上。铺好的粉末材料被加热到适当温度。由计算机程序控制扫描镜的转动，驱使激光束的照射方向发生变化，激光束在粉末材料表面形成光斑，在程序控制下光斑在该层截面轮廓范围内来回扫描。受到激光照射的粉末材料会吸收能量，致使自身温度上升至熔化点，发生烧结，从粉末状转变为固体，并与下面已成型的固体部分实现黏联。

当前的一层截面烧结完成后，工作台下降一个层的厚度。铺料辊开始来回滚动，在已成形的固体上面又铺洒一层均匀密实的粉末，进行新的一层薄片体烧结。这样的加工过程逐层反复进行，直至形成整个被加工实体（图6-17）。

图 6-17　选择性激光烧结（SLS）3D 打印设备与金属制成品（参见书后彩图）

选择性激光烧结 3D 打印具有材料利用率高，适用的原材料种类多的优点。如尼龙、蜡、ABS、聚碳酸酯、金属和陶瓷粉末等都可以作为烧结对象。粉床上未被烧结部分成为烧结部分的支撑结构，因而无需考虑支撑问题。选择性激光烧结工艺与铸造工艺的关系密切，如烧结形成的陶瓷构件可作为浇铸工艺使用的型壳和型芯，还可以作为失蜡浇铸工艺中的蜡模。

第七节

3D 打印机的机械构造

　　3D 打印机的机械构造分为机座、驱动器、传动部件和执行部件。机座的作用是提供支撑，3D 打印机的所有构件都安装（或者连接）在机座上。在机架上要安装各种形式的导轨来约束和引导执行部件沿指定方向移动。驱动器的作用是提供动力，产生活动构件机械运动所需要的动力。在驱动器与执行部件之间需要实现机械传动，机械传动的作用是把一种形式的机械运动转换成为另一种形式的机械运动。在 3D 打印机中，通过机械传动，将电动机轴输出的旋转运动转换成为 3D 打印头的直线运动，或者是转换成为工作台的平面运动。常用的机械传动为同步带传动、螺旋传动和齿轮齿条传动，部分 3D 打印机还使用连杆机构进行机械传动。

　　在图 6-18 所示的 3D 打印机中，有四个带有螺旋传动和滑台的直动单元。位于底座直动单元中的步进电机通过联轴节和螺杆螺母，驱动固定在滑台上的工作台沿前后方向作直线运动。两个垂直升降单元驱使水平导轨单元沿高低方向作直线运动。3D 打印头在水平导轨上，由步进电机驱动沿左右方向作直线运动。这三种运动的结果是调整 3D 打印头相对于工作台的位置，完成在水平面内的薄片体涂布操作和 3D 打印头升降操作。

图 6-18　采用 FDM 工艺的 3D 打印机（参见书后彩图）

　　3D 打印机运动的动力来自驱动器。目前大部分的 3D 打印机采用混合式步进电机（图 6-19 左）作为驱动电机。步进电机的优点是可以实现精确控制，我们可以在控制程序中用数字设置电动机轴转动角度和转动速度，用计算机程序中的代码调节 3D 打印机中打印头相对于工作台的运动位置。

　　混合式步进电机的主要部件是定子和转子。该电动机旋转的动力来源于定子磁场与转子磁场的相互作用（图 6-19 右）。定子与机壳连成一体，在定子中绕有多组由导线组成的线圈（图 6-19 中），当电源对定子线圈通电后，通电导线会产生电磁场。电磁场方向与线圈中电流方向有关，我们可以通过用改变电流方向的方法，来改变电动机定子电磁场的方向。

　　嵌有永磁体的转子是混合式步进电机中的旋转部件。永磁体产生的磁场方向相对于转子恒定不变。控制步进电机的关键是有规律地改变定子线圈中的电流方向，使得定子磁场与转子磁场相互作用产生转矩（torque）。如果线圈中的电流方向保持不变，步进电机转子将处于锁定不转的状态。

A+ B+

图 6-19　混合式步进电机的外形和内部构造（参见书后彩图）

　　步进电机的定子线圈个数被称为"相"（phase），如果电动机中有四个定子线圈，就称其为四相步进电机。步进电机的相数越多，运行越稳定，构造也越复杂。电机中所有定子线圈的通电状态，即每个定子线圈中的电流方向，称为"节拍"（step）。每改变一次节拍，即按照指定规律改变线圈中的电流方向，电动机转子会旋转一个固定的微小角度，这个角度称为步距角。从当前节拍切换到下一个节拍的间隔时间决定了电动机转子的旋转速度，节拍变换的前后顺序决定了步进电机转子的旋转方向。

　　与直流电动机不同的是，步进电机需要配置驱动电路模块（图 6-20）。驱动电路模块的作用是接收上级电路发出的信号，然后将它们转换成为环形节拍分配信号，经过放大后，控制混合式步进电机定子线圈中的电流方向。比较常用的是两相八拍信号（A+B+、A+B0、A+B-、A0B-、A-B-、A-B0、A-B+、A0B+）。其中，A 和 B 对应步进电机中的两个定子线圈，"A+"表示对线圈 A 正向通电，"A-"表示对线圈 A 反向通电，"A0"表示不通电。

　　需要输入到驱动电路模块的第一种信号是驱动脉冲信号，它控制步进电机的旋转角度（等于脉冲信号的个数乘以电动机步距角），同时控制电动机的旋转速度（脉冲信号的周期越短，转速越快）。需要输入的第二种信号是方向控制信号，该信号的电平高低分别代表电动机转动的两个不同方向。

图 6-20　驱动混合式步进电机的电路模块

　　控制混合式步进电机的实质是将电脉冲信号转化为机械角位移。为了驱动一台混合式步进电机，我们在硬件电路方面需要完成的工作包括：① 接入驱动电机的电源。将正极线接入驱动模块的 VCC 端口，将负极线接入驱动模块的接地端（GND）。② 接入逻辑电源。将 5 伏电源的正极线接入驱动模块的 +5 V 端口，用导线连接微控制器的接地端和驱动模块的接地端，形成共地状态。③ 从驱动电路模块的输出端（A+，A-，B+，B-）连接四根导线到步进电机。④ 从微控制器的一个引脚 A 接导线到模块的驱动脉冲信号（CP）端。驱动脉冲带动电动机旋转。⑤ 从微处理器的另一个引脚 B 接导线到模块的方向信号（DIR）端。驱动模块提供细分驱动脉冲的功能。

　　在控制软件方面：需要开发在微处理器中运行的控制程序。按照转角和转速的要求，在引脚 A 输出一定周期的脉冲信号（按照一定时序发生电平的高低切换）。按照需要的转动方向，在引脚 B 输出高电平或低电平。

　　为了将步进电机输出的机械动力传递到工作台和 3D 打印头，从旋转运动转换成为直线运动，3D 打印机经常使用同步齿带进行机械传动。同步齿带传动由两个同步带轮（图 6-21 左）和一条同步齿带（图 6-21 中）组成。

一个同步带轮为主动轮，另一个同步带轮为从动轮，中间用同步齿带传递圆周作用力。同步齿带的内周制成齿状，与同步带轮的外缘齿形啮合（图 6-21 右），具有中心间距大，耐磨性好，传动效率高，噪声小等优点。

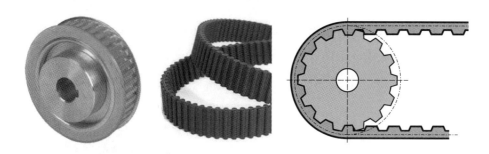

图 6-21　同步带轮与同步齿带

图 6-22 左为结构紧凑的十字滑台，它由两个纵向移动的驱动模块和一个横向移动的驱动模块组成。横向驱动模块安装在纵向驱动模块上，使得横向驱动模块上的滑台可以在一个平面内自由移动。在滑台构件上可以安装 3D 打印头或是其他运动轴驱动模块。每个驱动模块中含铝合金型材基座、步进电机、同步带轮和同步齿带，作为导轨的直线滑动轴承。

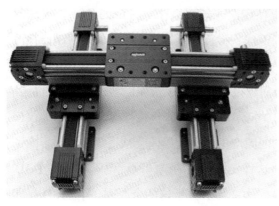
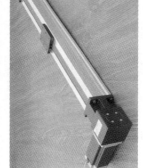

图 6-22　使用同步齿带传动的滑动工作台

为了提高加工精度，一部分 3D 打印机开始采用螺旋传动。螺旋传动是依靠螺杆与螺母之间的螺纹配合来实现运动转换，将旋转运动转换为直线运动。在螺杆构件的表面刻有圆柱螺旋线（图 6-23 左），形成梯形或三角形的外螺纹，绕自身轴线旋转的螺杆构件是主动件，由步进电机的输出轴驱动。在螺母构件的孔内刻有内螺纹，在螺杆上移动的螺母构件是从动件，在螺母构件上可以安装滑动工作台和与导杆配合的滑动套管。

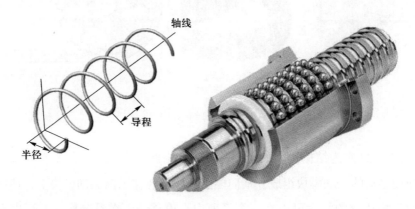

图 6-23 螺旋传动和滚珠丝杠

为了减小螺旋面上的摩擦阻力，提高机械传动的效率。同时控制螺杆与螺母之间的配合间隙，可以使用滚珠丝杠组件（图 6-23 右）。滚珠丝杠传动副在丝杠与螺母之间加入钢球，将普通丝杆与螺母之间的滑动摩擦改进为摩擦系数更小的滚动摩擦。滚珠丝杠在装配过程中施加了适当的预紧压力，使得丝杠与螺母之间的配合间隙很小，提高了机械传动的精度（图 6-24）。

直角坐标架构形式的 3D 打印机使用串联机构，运动和作用力仅仅通过一条运动链传递，由于传动间隙产生的运动误差会被逐级放大，影响了打印精度的提高。在另一方面，这种架构形式的结构刚性也不够好，在 3D 打印头部位受外力后有可能产生较大变形。由于这两个原因，个别 3D 打印机舍弃了串联机构，改用多条运动链传递力和运动，形成并联机构（图6-25）。

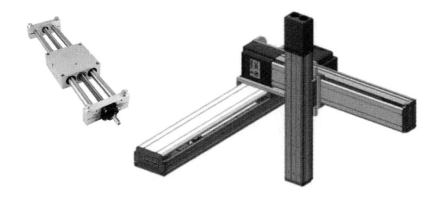

图 6-24　应用螺旋传动的滑动工作台

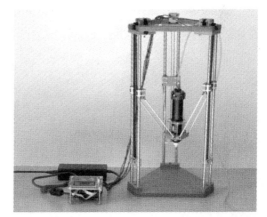

图 6-25　应用并联机构的 3D 打印机

在图 6-25 所示的 3D 打印机中，有三组相同的驱动部件。步进电机通过同步带传动或者是螺纹传动，驱动位于垂直导轨上的滑块，使其沿导轨上下移动。三个滑台通过三根连杆与 3D 打印头连接。连杆的两端均为球形铰链，组成三自由度的并联机构。当步进电机的输出轴在计算机程序控制下旋转时，就能够驱动 3D 打印头分别沿空间直角坐标系的 X 轴、Y 轴和 Z 轴方向移动，以底面工作台为基准，层层叠加打印出被加工对象。

在具有活动构件的机械装置中，需要用适当的形式将运动和作用力从驱动电机轴传递到执行部件。如果在驱动电机与执行部件之间仅仅存在一条运动链，该机构属于开环的串联机构（serial mechanism）。如果在驱动器与执行端有两条或两条以上的运动链，该机构就属于闭环的并联机构（parallel mechanism）。在采用并联机构的 3D 打印机中，3D 打印头由多个运动链驱动，工作载荷由所有运动链分担，所以具有运动轻巧灵敏的优点。使用图 6-25 所示的并联机构，3D 打印头在平面内活动的范围有限。

第八节

3D 打印机的控制系统

　　无论是企业使用的工业级别 3D 打印机，还是个人使用的桌面级别 3D 打印机，除了机架、步进电机、导轨、机械传动部件和 3D 打印头以外，还需要一块控制电路板（图 6-26）。控制电路板的任务是根据指令驱动 3D 打印机中的多台步进电机。控制电路板的核心是微控制器（micro controller）。微控制器能完成算术逻辑运算、读取指令、执行指令，以及与外界存储器和逻辑部件交换数据等操作。在 3D 打印机中，微控制器的主要作用是接收计算机文件中的 G 指令代码，然后将其变换为驱动步进电机的运动指令。控制电路板的后半部分是步进电机驱动电路，它们的作用是将微控制器输出的指令信号转换成为环形节拍驱动信号，并且放大成为步进电机定子线圈中变化的工作电流，使步进电机按照指令代码中规定的规律运转，驱动 3D 打印机中的打印头位置沿着预期轨迹发生变化。

　　相当多的 3D 打印机控制系统使用基于 ATMEL 微控制器的 Arduino 电路板，有的控制系统还采用 PIC（peripheral interface controller）单片机、ARM（Acorn RISC Machine）芯片或数字信号处理器（digital signal processing，DSP）。步进电机驱动模块使用的集成电路是美国 Allegro Microsystems 公司出品的 A4988、A4982、A4983 芯片，以及瑞士意法半导体公司（ST）生产的 STSPIN220 芯片等。

图 6-26　3D 打印机中的控制板

　　桌面级 3D 打印机的工作形式分为两种：联机打印与脱机打印。在联机打印的模式下，3D 打印机要与个人计算机用 USB 数据线连接起来，在个人计算机上运行执行切片处理的应用程序。切片处理后生成的 G 指令文件通过 USB 数据通信传输到 3D 打印机中的控制系统，执行 3D 打印操作。

　　在脱机打印的模式下，3D 打印机单独工作。对三维建模文件的切片处理和加工参数设置事先在个人计算机中完成。记录 G 指令的计算机文件储存在基于半导体闪存器件的储存卡（SD 卡）中，然后将 SD 卡插入 3D 打印机控制电路板的卡槽内。3D 打印机的控制系统通过读取 SD 卡获取驱动指令，完成打印实物的任务。

　　除了硬件以外，3D 打印机的控制系统还需要软件（software）。从形式上看，软件是用字符表示的代码（code），通过分析它们的实质，我们可以知道软件是数据（data）和指令（instruction）的集合。在 3D 打印机中，控制软件的作用是：① 在联机打印模式，通过串行数据通信，从个人计算机读取 G 指令，解释 G 指令，按照 G 指令完成 3D 打印任务；② 在脱机打印模式下，从插在 3D 打印机上的 SD 卡读取 3D 打印的 G 指令，然后解释执行，驱动 3D 打印头完成打印操作；③ 检测 3D 打印头内部温度；④ 控制 3D 打印头内部的温度；⑤ 控制液晶显示器的显示内容。

保存在储存器中的执行程序代码称为固件（Firmware），在计算机系统中，固件是完成底层工作的软件。在 3D 打印流程中，建模软件生成数字模型，切片软件对数字模型进行分层处理，产生含有 G 指令的计算机文件。3D 打印机中的固件负责解释 G 指令，然后执行。比较流行的固件有 Sprinter、Marlin、Teacup、Sailfish 等。它们支持的功能包括：SD 卡读写、步进电机控制、挤出机速度控制、运动速度控制、加速度控制等。

固件 Marlin 运行于 8 位 Atmel AVR 微控制器，硬件平台是 Arduino Mega2560 电路板。目前，Marlin 固件作为开源项目被托管在 GitHub 网站上，下载网址为 https://github.com/MarlinFirmware/Marlin。Marlin 有多个版本（RAMPS、Sanguinololu、Ultimaker、Gen），分别支持不同的控制板。

相当多的桌面级打印机使用 Arduino 形成自己的控制系统。Arduino 是一种开源的电子原型样机开发系统。Arduino 硬件是各种形式的 Arduino 电路板，常用的型号有 Arduino UNO，Arduino Leonardo 等，还有配套的各种盾板，盾板被插装在 Arduino 电路板上，从电动机驱动到蓝牙通信，提供各种扩展功能。Arduino 软件是集成开发环境 Arduino IDE（图 6-27）。这是一个可以从 Arduino 官网（https://www.arduino.cc）上免费下载的应用程序。在 Arduino IDE 中，我们可以方便地完成编码、调试、编译、上传等一系列程序开发操作。

为了开发出一个 Arduino 程序，我们需要完成以下一系列工作：

（1）在 Arduino 官网上，下载 Arduino IDE 集成开发环境；

（2）在个人计算机中安装 Arduino IDE，形成一个开发平台；

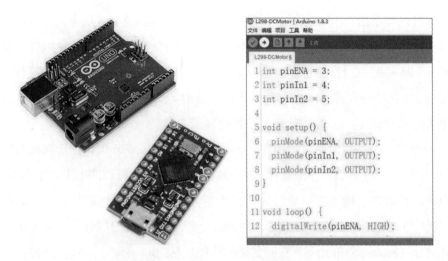

图 6-27　Arduino 电路板与 Arduino IDE 软件的界面

（3）在计算机操作系统的设备管理器中，确认已识别 Arduino 电路板；

（4）根据所连接的 Arduino 电路板类型，在 Arduino IDE 中进行设置；

（5）根据 Arduino 电路板所占用的端口，在 Arduino IDE 中进行设置；

（6）参照 Arduino 提供的例程（sample），编写源代码；

（7）对源代码进行编译（compile），修正可能存在的语法错误；

（8）将编译生成的可执行代码，从个人计算机上传到 Arduino 电路板。

第九节

使用切片软件的细节

在使用 3D 打印实现创意的过程中，切片软件（slicing software）有不可缺少的重要作用（图 6-28）。切片软件连接"设计"环节和"制造"环节，输入切片软件的是来自计算机建模软件的 STL 文件，从切片软件输出的是驱动 3D 打印机的 G 指令文件。3D 打印加工参数全部要在切片软件中设置。

在切片软件中，我们要做六部分工作：① 导入需要打印的几何模型；② 在必要时，在工作台面上中移动和旋转几何模型；③ 调整几何模型的显示状态；④ 设置 3D 打印的加工参数；⑤ 观察模拟打印过程；⑥ 输出 G 指令文件。然后，将 G 指令文件传送到 3D 打印机。

输出 G 指令文件的过程就是切片处理过程，具体包括：将几何模型切割成平面层片（slice 3D model into 2D layers）；用切割出的层面建立层片部件（build layer parts from sliced layers）；在层片部件中生成 3D 打印头移动轨迹（generate Insets），生成上下两表层区域（generate up/down skins areas），生成模型中间的稀疏填充区域（generate sparse infill areas），为每一层片的打印加工操作生成 G 指令（generate G code for each layer）。

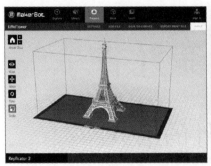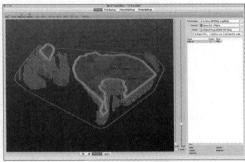

图 6-28　MakerBot 切片软件和 Slic3r 切片软件

知 名 的 切 片 软 件 有：3DPrinterOS、Astroprint、Craftware、Cura、
IceSL、KISSlicer、MakerBot Print、MatterControl、Netfabb Standard、
OctoPrint、Printrun、Print Studio、Repetier、SelfCAD、Simplify3D、Slic3r、
SliceCraft、Tinkerine Suite 等。每一种切片软件只支持限定范围内的 3D 打印
机。

Cura 是一个用 Python 编程语言开发、使用 Wxpython 图形界面框架的
切片软件（图 6-29）。2013 年前后，由 David Braam 为基于 RepRap 类型
的 Ultimaker 3D 打印机开发。Cura 软件的内核是 CuraEngine。用户在 Cura
界面上的加载模型、旋转缩放、设置参数等操作会被转换成一条 CuraEngine
命令行语句。CuraEngine 对输入的 STL 模型文件进行切片处理，生成 Gcode
指令文件。Cura 安装文件约为 107 MB。下载 Cura 软件的网址为：https://
ultimaker.com/en/products/ultimaker-cura-software。

Cura 切片软件的用户界面（图 6-29）分为左边的图形显示区和右边的
参数设置区。主菜单中的八个选项位于图形区上方，在图形区的左侧有常用
工具栏。生成 G 指令文件的按钮位于用户界面的右下角。

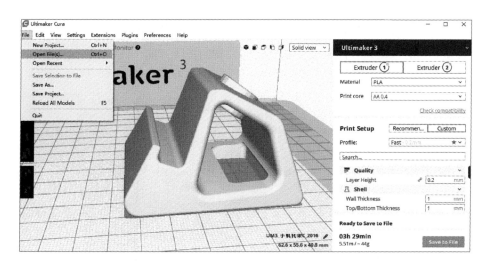

图 6-29　Cura 3.2.1 切片软件的用户界面

切片软件用一个平面对几何模型进行分层切割，形成平面图形。CuraEngine 调用 ClipperLib 库进行平面图形运算，划分出层片组件（layer parts）。所谓"层片组件"是在每一层平面图形内可以连通的区域。在每一层内可以有多个层片组件，3D 打印工艺以层片组件为单位进行加工。

Cura 和 CuraEngine 均为开源软件，它们的源代码可以在 GitHub 网站上查阅和下载。下载 Cura 源代码的网址是：https://github.com/daid/Cura。下载 CuraEngine 源代码的网址是：https://github.com/Ultimaker/CuraEngine。

切片软件的功能是将 STL 文件转换成为 G 指令文件。在 Cura 切片软件中，导入 STL 文件操作的第一步是用鼠标左点击主菜单选项"File"；第二步在展开的二级菜单中选择"Open Files"选项（图 6-29）；第三步在文件操作对话框内指定 STL 文件所在的文件夹，指定要导入的 STL 文件名。

在导入载有几何模型的 STL 文件后，几何模型就出现在图形区中的工作台面上（图 6-30 左）。我们可以用滚动鼠标中轮的方法来缩小或放大图形区中的显示。还可以按下键盘上的 Shift 键不放，用鼠标左点击几何模型并且拖动，平移图形区中的显示。在需要时，能够用鼠标右点击几何模型，向各个方向拖动，以此来改变观察几何模型的视线方向（图 6-30 右）。

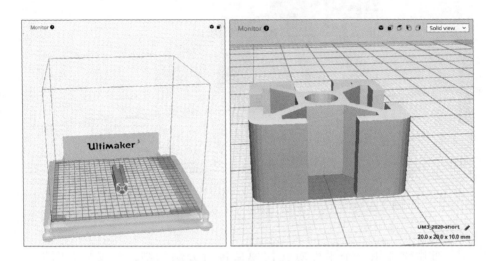

图 6-30　在 Cura 3.2.1 切片软件中调整几何模型的显示

除了调整图形区内的显示状态以外，Cura 切片软件还用位于左侧的若干按钮提供对几何模型本身进行变换的功能。利用这些功能，可以将几何模型设置到最适合 3D 打印的位置。具体的变换操作有：

（1）在工作台面上，分别沿不同的坐标轴移动(Move)几何模型的位置;

（2）以模型的对称中心为基点，缩小或放大（Scale）几何模型;

（3）用鼠标点击-拖动方式,分别绕不同的轴线旋转(Rotate)几何模型;

（4）设置一个对称面，镜像复制（Mirror）原有的几何模型。

Cura 切片软件提供两种设置加工参数的模式（图 6-31）。第一种是比较简单的推荐打印设置（Recommended Print Setup）模式。在这种模式中，只能有限度地改变少数几个特别重要的加工参数，其余加工参数的取值都采用原来的设置。第二种是定制打印设置（Custom Print Setup）模式。通过该设置模式，可以对更多的加工参数进行设置，设置的范围也有所扩大。

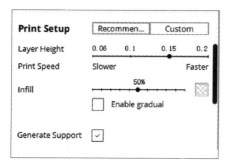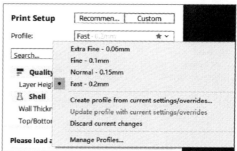

图 6-31　Cura 3.2.1 切片软件的两种参数设置模式

若图 6-31 左第一行中的 Recommen 字符串高亮显示，这表示切片软件处于第一种推荐打印设置模式。在这种设置模式中，能够设置的 3D 打印加工参数是层厚（Layer Height）。这个参数决定了切片处理产生的薄片体厚度。层厚参数的值越小，打印出的物件表面越光滑细腻，需要的加工时间也越长。反之，增大层厚参数，加工时间可以缩短，但制成的实物表面会变得相对粗糙。该参数值在 0.1 毫米左右。在 Cura 切片软件的推荐打印设置模式中，层厚参数只能在 0.06、0.1、0.15、0.2 这四个值中选取。在定制打印设置模式中，层厚参数可用键入数字的形式加以设置（图 6-32 左），定制设置模式对层厚参数的调整比推荐设置模式更为精细。

第二个要设置的 3D 打印加工参数是填充率参数（Infill）。被打印物件的外壳部分是完全实心的。但在它的内部，充填材料可疏可密。填充率参数（Infill）决定了物体中间部分的材料疏密程度。当该参数被设置为 100% 时，打印出完全实心的物件。当该参数被设置为 0% 时，物件中间部分完全是空心的。在 Cura 切片软件的推荐打印设置模式中，填充率参数的取值为 0%，10%，20%，…，90%，100%（图 6-31 左）。在定制打印设置模式中，填充率参数可用键入数字的形式加以设置（图 6-32 中）。

图 6-32　Cura 3.2.1 切片软件的定制打印设置模式

　　3D 打印要求决定是否要生成支撑（Support）。所谓"支撑"是在被打印物件的形状出现悬空特征时，另外在其下方打印出 "托住"物件悬空部分的支柱。如果没有打印支撑，物件的悬空部分在未完全凝固的状态下可能发生垮塌。支撑部分的材料密度比较疏松，取下物件后容易被拆除。如果在图 6-31 左底部勾选 "Generate Support"项，表示如果出现悬空现象，自动添加起支撑作用的形体。如果不勾选，则表示不生成支撑。

　　若图 6-31 右第一行中的 Custom 字符串高亮显示，这表示切片软件处于第二种定制打印设置模式。第二行中的 "Profile"表示对薄片体轮廓线处理的细分程度。从 "Extra Fine"（特别精细）到 "Fast"（快速加工），切片软件提供四种选择。对薄片体轮廓线的精细处理需要耗费更多的加工时间。

　　在 Cura 的定制打印设置模式中，还可以设置更多的 3D 打印加工参数。图 6-32 左底部的 "Wall Thickness"为被打印件外壳厚度。"Top/Bottom Thickness"为被打印件的上表层厚度和下表层厚度。这两种参数都可以用键入数字的方式进行设置。图 6-32 中的 "Infill Density"为充填在被打印件内部的材料密度参数，可以在 0%~100% 范围内选用任意一个数值。3D 打印头加热温度（printing temperature）决定了丝状材料的熔融程度。加热温度过低，会影响丝状材料的顺利挤出，也会影响丝状材料与基体材料的融合。加热温度过高，会造成从喷嘴挤出的材料没有及时凝固，影响实物制品的成

形。该参数可以在图 6-32 中用适当数值设置。用鼠标点击方式展开图 6-32
右的"Speed"展卷栏控件，可以设置 3D 打印头在吐丝状态的移动速度（print
speed）。该参数与加工质量和速度有直接关系。如果 3D 打印头移动速度过
快，会影响当前加工层底面与基体上表面的黏合牢固程度。如果移动速度过
慢，又会大大增加 3D 打印加工需要的时间。

第十节

3D 打印操作中的
注意事项

　　在原始位置，3D 打印头喷嘴与工作台面之间的微小距离（图 6-33 左）是确保打印能够顺利开始的因素。如果两者之间的距离过小，会阻碍丝状材料从喷嘴内顺利流出，造成无法形成被打印件的底层基础。如果两者距离过大，从喷嘴内被挤出的丝料又会"浮"在工作台面上，影响物件底层部分与工作台面的接触牢固程度。为此需要在垂直移动单元导轨侧面上旋动定位螺钉（图 6-33 右），通过反复尝试，精细调整它触动开关的位置。

　　如果被打印物件与工作台面的接触不牢固，处于加工过程中的半成品会发生不正常移动。为了避免这种情况，切片软件提供的第一种加固方式是在工作台面与物件底面之间打印一个起黏合作用的衬垫。在 Cura 切片软件 Custom 设置模式中，用 Bulid Plate Adhesion → Raft 设置。在 Pango 切片软件中，用参数→专家设置→部件→底座设置。第二种加固形式是在被打印物件底部周围，打印出一圈宽度可大可小的围边。在 Cura 切片软件中，该围边用 Bulid Plate Adhesion → Brim 设置（图 6-34 左）。在 Pango 切片软件中，该围边用参数→专家设置→部件→裙边进行设置（图6-34右）。

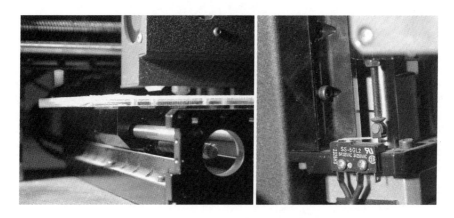

图 6-33　调整 3D 打印头喷嘴与工作台面之间的距离

图 6-34　Cura 和 Pango 切片软件设置黏合衬垫

附录 1
常用的计算机建模软件

第一节

CAXA 建模软件

　　CAXA 软件由中国北京数码大方科技股份有限公司自主开发，历经 20 多年，目前已经被国内外众多企业和院校采用，拥有完全自主的知识产权（图 A1-1）。CAXA 软件定位为开放的二维 CAD 平台，具有丰富齐全的平面作图功能、图线编辑功能和尺寸标注功能。CAXA 软件提供了产品数据管理（PDM）集成组件，包括浏览数据组件和信息处理组件。CAXA 软件还提供 CRX 二次开发接口，具有丰富的接口函数、开发实例、开发向导、以及帮助说明。

　　CAXA 2008 软件提供了平面曲线绘制、编辑、变换、关联等草图功能，还有多种尺寸约束功能（通过修改尺寸值来改变草图图线和三维形体的形状）。有"拉伸"、"旋转"、"放样"、"抽壳"、"过渡"、"拔模"等多种实体特征造型，可以将一个平面内的草图图形转变为实心体模型。还可以对局部特征或表面进行"移动"、"拔模"、"变半径"等表面修改操作。

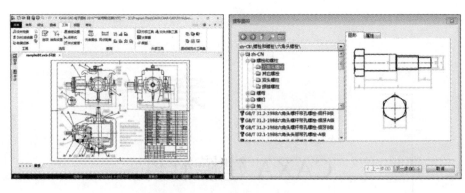

图 A1-1　CAXA 软件的界面和图形库（参见书后彩图）

CAXA 2008 软件增加了产品虚拟装配设计功能；实现了零件的插入、定位、定向、约束和关联；实现了零部件的装配间隙检查、运动干涉检查、机构运动状态的动态仿真检查和产品爆炸图的生成；可实现动画仿真功能，生成表示产品装配过程的动画、机构运动仿真动画、自由轨迹动画、漫游动画，并可输出展示产品构造和使用过程的虚拟 3D 影片。

第二节

SketchUp 建模软件

　　SketchUp 是一款满足易学好用要求的普及型 3D 设计软件，使用该软件的过程与手工构思和绘制草图的过程很相似。SketchUp 软件让设计者专注于设计，带来边构思边表现的新体验，目前 SketchUp 软件已经被广泛应用于建筑、规划、园林、景观、室内以及工业设计等多个领域（图 A1-2）。SketchUp 软件最初由 AtlastSoftware 公司开发，2006 年被谷歌（Google）公司收购，目前为 Trimble 公司所有。SketchUp 软件的官方网址是 http://www. sketchup.com。

　　SketchUp 软件提供的草图功能尤为出色。使用者可以操纵鼠标，沿着光标移动的路径随心所欲画出曲线，体现出铅笔画的细腻自然。当曲线与曲线有交叉时，软件自动将其分段，可以直接通过删除实现修剪功能。与其他建模软件不同的是，SketchUp 软件用"推拉"方式将平面闭合曲线转化为平板状形体，使得各类实心体的生成过程更加直观和容易理解。

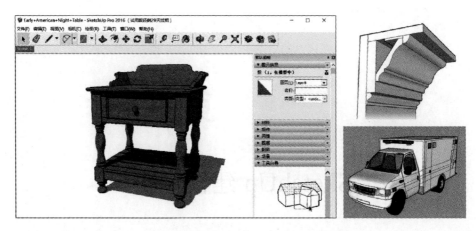

图 A1-2　SketchUp 软件的界面与生成的模型（参见书后彩图）

　　除了可以生成几何模型以外，SketchUp 软件还能够在三维空间内实现尺寸和文字的标注，并且使标注出的字符始终面向设计者。该软件还可以在实心体内部快速生成任何位置的剖面，使设计者随时了解设计对象的内部结构。SketchUp 软件自带组件库和材质库，通过调用库中现成的几何模型能够大大提高设计效率。SketchUp 软件可以与 AutoCAD、3DMAX 等软件结合使用，能够快速导入和导出 DWG、DXF 和 3DS 格式的图形文件。

第三节

123D Design 建模软件

美国 Autodesk 公司在 2012 年前后推出了 123D Design 三维建模软件。该软件的用户界面简洁，操作步骤简单易学。它可以帮助设计者用很简单的方式展示自己的构想，形成表达设计概念的数字模型，产生用于 3D 打印的计算机文件。在官方网站 http://www.123dapp.com/design 中可以免费下载 123D Design 软件的安装文件，在同一网址还可以下载官方提供的 123D Design 说明文件（123D-Design-Manual.pdf），从中了解该软件的建模基本概念、用户界面、坐标系的使用、草图绘制与编辑、实心体编辑等操作（图 A1-3）。

123D Design 软件能够生成两种图元（primitives）。第一种是立体图元（立方体、球体、圆柱体、圆锥体和圆环）。第二种是平面图元（矩形、圆、椭圆、正五边形）。该软件提供的第一种实心体生成方式是直接在场景中插入立体图元。第二种方式是先绘制和编辑平面图元，然后用拉伸、旋转、扫掠等操作扩展为实心体。实心体与实心体还可以用布尔操作（boolean operation）加以组合，用来表现更加复杂的设计对象。

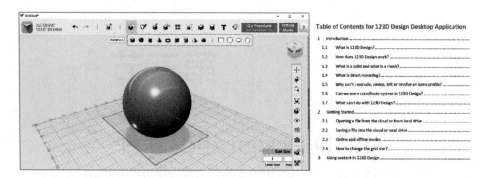

图 A1-3　123D Design 软件的界面与说明文档目录

　　123D Design 软件属于 Autodesk 123D 软件系列，在该系列中还有其他五款工具软件：① 123D Catch（将多张拍摄同一对象的数码照片输入软件，就能自动生成对应的三维数字模型）；② 123D Creature（创建各种带有曲面的生物模型，对骨骼、皮肤以及肌肉进行调整）；③ 123D Make（将数字三维模型转换为可用于切割的平面图案）；④ 123D Sculpt（对三维模型的表面进行雕琢、拉伸、推挤等操作）；⑤ TinkerCAD（在线网页版的 3D 建模工具软件）。

第四节

TinkerCAD 建模软件

　　TinkerCAD 是一款面向设计师、业余爱好者、教师和孩子的三维设计软件。使用者可以在很短时间内制作出各种玩具、家居装饰、教具模型、珠宝首饰等模型，并获得专业级的渲染效果。有了这些数字模型，就可以将其转换为 STL 文件，进行切片处理以后就可以直接输入 3D 打印机，制造出实物。TinkerCAD 是基于浏览器的 3D 建模工具软件，与其他建模软件不相同的是：它不需要下载文件和进行安装，你只需要在互联网浏览器中输入官方网址（https://www.tinkercad.com），建立账号后就能免费使用该软件（图 A1-4）。

　　形状（Shape）是 TinkerCAD 软件使用的基本构建模块。软件的主要操作是生成形状，导入形状，用标尺等工具调整形状的尺度和位置，用布尔操作合并形状。还可以输入已有的 STL 文件，在软件中对其进行修改（图 A1-5）。

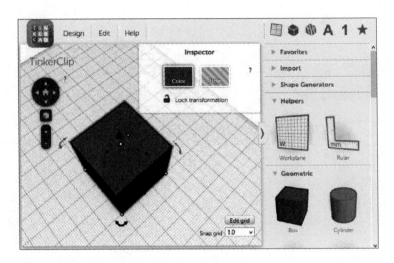

图 A1-4 TinkerCAD 软件的用户界面

图 A1-5 用 TinkerCAD 软件生成的模型（参见书后彩图）

第五节

Rhino 建模软件

Rhino（犀牛）软件由美国 Robert McNeel & Assoc 公司于 1998 年成功开发。它是在个人计算机中运行的三维建模软件，Rhino 软件的曲线绘制和高精度曲面生成的功能十分突出。该软件占据的存储空间不大，但包含了所有的非均匀有理 B 样条曲线（non-uniform rational B-spline，NURBS）建模功能，Rhino 软件被广泛应用于机械设计、三维动画制作、工业制造以及科学研究等领域（图 A1-6 和图 A1-7）。Rhino 软件的官方网址是 http://www.rhino3d.com/。

Rhino 软件创建曲面的功能包括：用三个点或四点生成面；用三条或四条边缘生成面；用二维曲线生成面；挤压成面、多边形成面、沿路径成面。Rhino 软件编辑曲面的功能包括：移动控制点；操纵边缘线；修改控制点切线角度；在曲面上增加或删除控制点；控制点的匹配、延伸和合并。

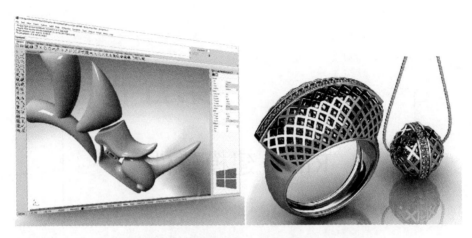

图 A1-6　Rhino 软件的用户界面和生成的装饰品模型（参见书后彩图）

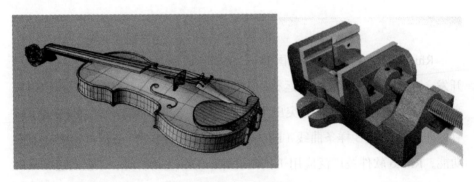

图 A1-7　用 Rhino 软件生成的乐器模型和机械夹具模型

第六节

AutoCAD 建模软件

AutoCAD 软件是美国 Autodesk 公司开发的绘图和建模计算机软件，其发展历史可以追溯到 20 世纪 80 年代。该软件的第一种操作方式是，用鼠标键盘手动操作软件进行绘图和建模；第二种操作方式是，通过运行程序实现自动绘图（图 A1-8）。AutoCAD 软件目前已经在机械设计、土木建筑、室内装潢、工程制图、服饰加工等领域内广为流行，它的最新版本为 AutoCAD 2018。在 Autodesk 的学生设计联盟网站（www.students.autodesk.com.cn）上，可以免费下载 AutoCAD 软件的安装链接文件，通过互联网实现下载安装。

AutoCAD 软件有多种操作方式。除了常用的菜单选择方式和鼠标点击工具栏中的按钮方式以外，还可以在命令区用键盘输入命令字符（命令全称或简写命令）。为了指定图线中的点，AutoCAD 软件可以使用四种等效的定点方式：用鼠标点击的方式指定点（用正交或光标捕捉加以限制）；用输入坐标值（绝对坐标和相对坐标）的方式指定点；用捕捉图线特征点（端点、中点、圆心点等）的方式指定点；用坐标过滤（XYZ Filter）的方式指定点。对于图形中已经存在点，还可以用热点（Grip）功能变动其位置。该软件选择操作对象的功能也相当丰富。

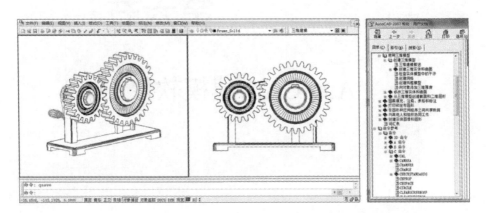

图 A1-8　AutoCAD 2007 软件的界面与帮助文档目录（参见书后彩图）

AutoCAD 软件的用户坐标系（UCS）的 XY 平面规定了绘制平面图线的基准面，通过平移、旋转和重新设定用户坐标系，AutoCAD 软件可以在空间任意方位设置所需要的绘图基准面。这一点对于生成设计对象的三维线框模型，对于生成曲面模型，对于生成各种实心体模型都十分重要。

第七节

3DS MAX 建模软件

　　因为具备出色的建模、动画和渲染功能，3DS MAX 软件被业界人士广泛用于游戏动画和影视片特效制作。该软件还能够生成不规则物体的复杂造型，在对象表面表现逼真的纹理材质，模拟复杂的灯光照明效果，制作表现连续运动的计算机动画，从而更加全面地反映设计师创意构想的实现效果。3DS MAX 软件最初由加拿大 Discreet 公司开发，1999 年与美国 Autodesk 公司中的 Kinetix 部门合并，目前的最新版本为 3DS Max 2018。在 Autodesk 学生设计联盟网站（www.students.autodesk.com.cn）上，可以免费下载 3DS MAX 软件的安装链接文件，可通过互联网实现下载和安装（图 A1-9）。

　　在 3DS MAX 软件中生成的平面曲线（直线、圆弧等）称为形（Shape）。这些曲线可以被用于放样（Loft）操作中的对象和路径。生成的放样体还可以编辑，修改其中的各个截面图线和路径曲线。对放样体还可以进行变形（Deform）操作，分为缩放变形（Scale）、扭曲变形（Twist）、倾斜变形（Teeter）、倒角变形（Bevel）和拟合变形（Fit）。因为有这些变形功能，3DS MAX 软件特别适合用于特殊形体的三维造型。3DS MAX 软件直接生成的几何形体分为两大类：第一类是带参数的标准几何体（Standard Primitives）和扩展几何体（Extended Primitives），在建立了几何体模型以后，还可通过修改参数而改变其形状，这对于外观设计来说相当方便；第二类是网格对象（Mesh），它们由节点（Vertex）、边缘（Edge）和面（Face）组成。除了可以对网格对象整体进行修改以外，网格对象内部的子对象（Sub-Object），例如节点、边缘、面等要素也可以修改其位置，必要时还可以删除或合并。各种不规则表面（如人物脸部、动物身体）就是通过编辑网格中的子对象生成的。

图 A1-9　3DS MAX 软件的用户界面

　　3DS MAX 软件具有丰富的材质（Material）功能。在其材质编辑器（Material Editor）中可以生成和修改材质。组成材质的是材质的色彩和表现纹理图案的贴图（Mapping）。材质的色彩被细分为环境光照射色彩、漫射光照射色彩和高光照射色彩。贴图是通过贴图坐标（Mapping Coordinate）将指定图像文件的纹理图案附加在模型表面。当材质赋给场景中的对象以后，就能在其表面表现出木纹、石材、金属等不同效果。

    3DS MAX 软件能够通过灯光（Light）功能产生不同的明暗效果。灯光分为环境光、点光源和射灯光源，可以调节光源的照射强度和色彩。通过照相机（Camera）功能调节观察角度和透视程度。通过渲染（Rendering）功能最终将场景（Sense）生成一幅静止的彩色图像，存为计算机图像文件（图A1-10）。

图 A1-10　3DS MAX 软件生成的室内装潢效果图（参见书后彩图）

    计算机动画（Animating）功能能够生动直观地表现人物动作、物体移位、机械传动等运动状态，具有很强的视觉传播效果。计算机动画是由许多幅互相关联的计算机图像组成的。动画中的图像称为帧（Frame）。3DS MAX 软件可以人为设置动画中的关键帧（Key），在关键帧中设置各种动画元素（场景中模型位置的变动、模型的缩放、材质的变化和灯光的改变）。其余的帧由动画渲染自动生成。最后产生可以播放的计算机动画文件。

第八节

Maya 建模软件

　　Maya 是专业化三维建模和动画制作软件，应用领域是影视广告、角色动画、电影特技等。Maya 集成了 Alias 软件和 Wavefront 软件中的动画及数字效果技术，软件制作效率高，渲染真实感强，在设计师、广告制造者、影视制片人、游戏开发者、视觉艺术家、网站开发人员中被广泛采用（图 A1-11）。Maya 软件的官方网址是 http://www.autodesk.com/products/maya/。

　　Maya 的主要模块是 Modeling（生成几何形体）、Artisan（对形体表面进行数字型雕刻）、Animation（非线性动画编辑）、Paint Effects（产生复杂场景效果）、Dynamics（粒子系统加上快速的刚体和柔体动力学效果）、Rendering（交互式渲染）、Cloth（精细模拟多种衣服和布料的质感）、Advance Modeling（附加的 NURBS 建模工具和细分建模工具）。图 A1-12 所示为 Maya 软件生成的光照场景与人体模型。

图 A1-11　Maya 软件的用户界面

图 A1-12　Maya 软件生成的光照场景与人体模型（参见书后彩图）

第九节

SolidWorks 建模软件

SolidWorks 软件在 1995 年开始推出，1997 年被法国达索系统公司（Dassault Systemes）收购。该软件的算法基础是基于边界表达的 Parasolid 内核（开发者是 Unigraphics Solutions 公司），目前已经大量用于全世界的航空航天、交通运输、模具制造、医疗器械、食品机械、日用消费品生产等多个制造业领域。SolidWorks 软件的官方网址是 http://www.solidworks.com。图 A1-13 所示为 SolidWorks 官方网站的界面。

SolidWorks 软件的建模特点是基于"草图"和"特征"。草图是受到形状约束和尺度约束的平面图形，草图的作用是为生成各种特征提供操作对象。特征是生成几何形体的方式，具体分为拉伸特征、旋转特征、薄壁特征、抽壳特征、钻孔特征等。软件的曲面建模模块通过扫描、放样、填充操作产生复杂曲面，对曲面进行修剪、延伸、倒角和缝合等修改操作。图 A1-14 所示为 SolidWorks 软件生成的机械模型。

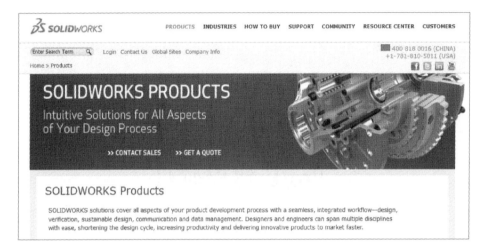

图 A1-13　SolidWorks 官方网站的界面

图 A1-14　SolidWorks 软件生成的机械模型（参见书后彩图）

第十节

Pro/E 建模软件

Pro/Engineer（简称 Pro/E）是美国参数技术公司（Parametric Technology Corporation，PTC) 开发的 CAD/CAM/CAE 一体化的三维设计建模软件，在 1988 年发行了第一版。Pro/E 软件的特点是参数化设计。所生成的几何模型被分解成为若干个"构成特征"，每一种构成特征都用参数加以完全约束。在几何建模过程中输入的所有参数都被保存在一个专门的数据库中，需要时将这些参数调出并加以修改，就能自动改变已经创建的几何形体。2010 年 PTC 公司将 Pro/E 软件与 CoCreate 和 ProductView 软件进行了整合，宣布推出 Creo 设计软件。Creo 软件的官方网址是 http://www.ptc.com/cad/creo。图 A1-15 所示为 Creo 软件的用户界面。

先前的 Pro/E 软件与现在的 Creo 软件均采用基于特征（Feature）的建模方式，对于使用者来说更加自然直观。设计师首先在特定的草图平面上勾画草图，接着用草图上的图形用拉伸、旋转、扫描、放样的形式生成基体，然后在基体上生成圆孔特征、型腔特征、抽壳特征、筋条特征、沟槽特征、斜角特征和圆角特征。该软件建立在统一的数据库上，工程中的资料全部来自一个库，任何一处的设计方案发生改动会自动反映在所有相关环节上，实现了数据结构与工程设计的完整结合。软件还提供参数化组装管理系统，供用户自定义组装系列及自动更换零件。

图 A1-15　Creo 软件的用户界面

第十一节

CATIA 建模软件

法国达索集团中的 Dassault Systemes 公司在 1982 年推出了 CATIA。它是应用于航空、造船、汽车等领域大型企业的 CAD/CAM/CAE 一体化高端软件。CATIA 是英文 "computer aided three-dimensional interface application" 的缩写。CATIA 软件拥有混合建模技术，曲面模块功能强大，支持树形结构和并行工作模式（图 A1-16）。CATIA 软件的官方网址是 https://www.3ds.com/products-services/catia。

CATIA 软件提供的曲面造型模块有：Generic Shape Design（完整的曲线操作工具和最基础的曲面构造工具）、Free Style Surface（增加曲面控制点编辑，曲面变形，自由约束边界，曲面的桥接、倒角和光顺）、Automotive Class A（生成汽车 A 级曲面，实现多个曲面外形的同步操作）、FreeStyle Sketch Tracer（自由风格的草图绘制）、Digitized Shape Editor（数字曲面编辑器，根据输入的点云数据，进行采样、编辑、裁剪，可生成高质量的网格小三角片体）、Shape Sculpter（小三角片体外形编辑）、Image & Shape（拖动、拉伸、扭转产品外形）以及 Healing Assistant（曲面缝补工具）。

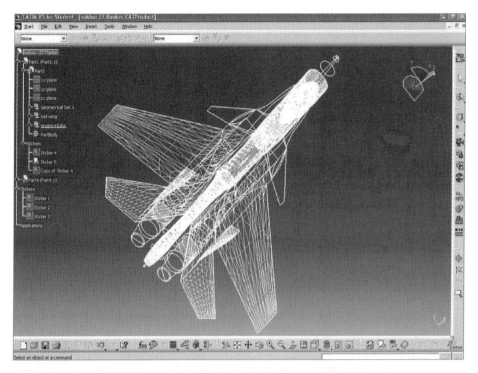

图 A1-16　CATIA 软件的用户界面

第十二节

UG 建模软件

UG（Unigraphics）软件的开发起源于美国 United Computing 公司（1973年）。先后为 McDonnell Douglas 公司和 Electronic Data Systems Corporation（EDS）公司所有。2007 年被德国西门子公司工业自动化集团（Siemens AG）收购，2013 年西门子公司的 PLM Software 部门宣布推出 UG NX 9.0（图 A1-17）。UG NX 软件的官方网址是 https://www.plm.automation.siemens.com/zh/products/nx/。

UG NX 软件可进行构件受力分析的有限元计算、机构运动分析、动力学分析和仿真模拟，以提高设计可靠性。UG 软件提供了功能齐全的数控后处理模块，能自动对生成的几何模型编制数控加工程序，生成优化的加工刀具移动轨迹数据。UG NX 软件的后处理程序支持多种类型数控机床。UG NX 软件提供的二次开发语言 OPen GRIP 和 Open API 功能强大，便于用户开发专用的 CAD 系统。UG NX 软件采用直接建模技术。另外，UG NX 软件引入了三维精确描述（HD3D）功能，提供一个可视化的操作环境，有助于开发团队充分发掘产品生命管理信息的价值，并提升产品设计决策的能力。

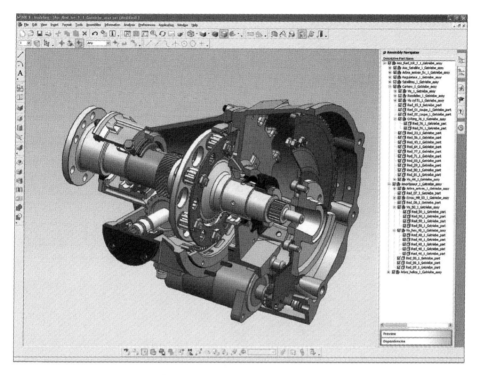

图 A1-17　UG NX 软件的用户界面（参见书后彩图）

附录 2

指定和修改图线中的点

第一节

用计算机软件指定图线中的"点"

"点"是最基本的几何图形要素（图 A2-1）。有了起点和终点，就可以画出一条直线。指定了右下角点和左上角点，就可以形成矩形框。给出了圆心点和圆周上的点，就能够绘出整圆。确定了圆弧起点、圆弧上点和圆弧终点，就能够描出一段圆弧。设置了若干个控制顶点，就能够生成样条曲线。三维几何建模的任务，最终都会被分解成为与"点"有关的软件操作。

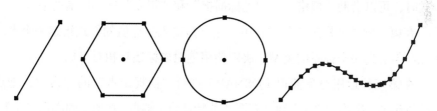

图 A2-1　位于图线中的"点"

在手工作图时，在图纸上绘一个点是设计师是用笔和尺规就能完成的工作。但是在用计算机绘图的过程中，指定一个点的位置或者修改一个点的位置涉及建模软件的功能。在软件操作层面，设计人员没有自由发挥的余地，只能按照给定步骤绘制和修改图线。如果初学者在用计算机软件绘图时感到困难重重，主要原因就是忽视了计算机软件对人的这种"管束"，在无意中违反了程序开发者事先制定好的一系列操作规则。

在计算机辅助作图或三维建模的过程中，绘图者要与计算机软件"互相配合"。第一步，作为创意设计的主体，人必须了解计算机软件能够完成的功能，熟悉计算机软件的操作规则。例如，设计人员应该知道在 AutoCAD 软件中绘制一条直线需要输入 Line 命令，需要知道在执行 Line 命令的过程中要指定直线的起点和终点，还要知道指定一个点有多种不同的方式。第二步，软件的操作者需要将自己的想法逐步分解，最终"落实"为计算机软件能够完成的步骤。第三步，在设计过程中要关注在屏幕上显示的"反应"，确认自己的操作要求已经被计算机软件"正确理解"。

为了帮助使用者迅速精确地指定一个点的位置，AutoCAD 软件提供了四种确定一个点的方式："屏幕定点"、"坐标定点"、"捕捉定点"和"坐标过滤定点"。这些定点方式各有所长，应该按实际需要加以选用。

在第一种"屏幕定点"方式中，通过移动鼠标调整光标的位置，然后用左点击方式在当前用户坐标系的 XY 平面上指定一个点。在使用屏幕定点方式时，可以借助"栅格"、"光标捕捉"和"正交"这三种辅助手段。

在第二种"坐标定点"方式中，用键盘输入坐标值的方式指定一个点。为此，需要选用坐标系的类型，决定使用绝对坐标还是相对坐标。

在第三种运用对象捕捉（OSNAP）进行"捕捉定点"的方式中，把点的位置迅速、准确地"拉"到已有图线的特征点（端点、中点、圆心点等）上。与"坐标定点"方式相比，"捕捉定点"方式更为直接简便。

在第四种"坐标过滤定点"方式中，对于一个点的三个坐标值分别用不同的方式来确定。"坐标过滤"是把其他一个点或多个点的部分坐标值提取出来，作为新设点的部分坐标。该点的部分坐标还可用数值设定。

为更快、更精确地指定图线上的各种点，各种建模软件都提供作图辅助功能，其中最重要的是栅格显示功能和光标跳跃捕捉功能。

栅格（Grid）是一种网格线显示。栅格显示、栅格间距（Spacing），以及栅格与用户坐标系的相对位置可以用 GRID 命令加以设置（图 A2-2 左）。通过观察鼠标光标点在栅格中的移动情况，可以估算光标移动距离。光标捕捉（Snap）被用来设定鼠标光标的移动方式。当光标捕捉功能设置为无效（Off）时，鼠标驱使光标在屏幕中连续移动。当光标捕捉功能设置为有效（On）时，光标产生跳跃式移动，从一个点跳跃到另一点。光标跳跃的间距可以在 Snap Setting 对话框中设置（图 A2-2 中）。正交（Ortho）用来限制光标移动的方向（图 A2-2 右）。当正交功能有效（On）时，光标只能沿用户坐标系的 X 轴或 Y 轴方向移动，当正交功能设置为无效（Off）时，光标在屏幕内可以沿任意方向移动。栅格间距值与光标跳跃间距值应为倍数关系。

图 A2-2　AutoCAD 2018 软件的三种制图辅助功能

第二节

设置用户坐标系

在计算机平面作图和三维建模的过程中，我们经常用坐标值指定图线中的点，简称为"坐标定点"。坐标值在坐标系中起作用，因此坐标系至关重要。AutoCAD 软件提供两种坐标系：第一种是固定不变的世界坐标系（world coordinate system，WCS），第二个是可以调整、储存和调用的用户坐标系（user coordinate system，UCS）。在原始的设置状态中，AutoCAD 软件的用户坐标系重合于世界坐标系。

按照 AutoCAD 软件的规定：圆、圆弧、矩形框、多段线等平面图线的绘制只能限制在特定平面内进行，这个特定平面必须与当前用户坐标系的XY平面重合或者平行。所以每当我们需要在空间任意方位绘制平面图线时，首先要关注作图的基准面，按照这个规定调整用户坐标系的 XY 平面（图A2-3）。

AutoCAD 软件提供了用户坐标系图标（UCS Icon），它的作用是显示用户坐标系的当前位置和方位。用户坐标系图标的显示形式可以用操作命令

UCSICON 加以改变。在软件给出的一系列操作选项中，"On"选项显示图标，"Off"选项隐藏图标，"非原点 N"选项规定在屏幕的左下角显示图标，"原点 OR"选项规定在用户坐标系的原点处显示图标。

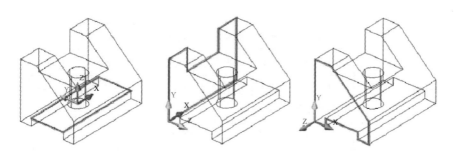

图 A2-3　AutoCAD 软件中处于不同方位的用户坐标系（参见书后彩图）

用户坐标系的图标在三维建模中有重要作用。根据在屏幕中显示的用户坐标系图标，我们可以知晓用户坐标系 XY 平面的当前方位。对照实际需要的平面作图基准面，就可以决定用户坐标系是否需要调整，以及如何调整。

需要指出的是：当没有足够的显示区域提供给用户坐标系图标时，即使将图标设置为在坐标系的原点处显示，用户坐标系的图标还是只能在屏幕左下角显示。可以通过移动或缩小屏幕显示的方法解决这个问题。

设置用户坐标系的最简单方法是，向命令输入行键入操作命令"UCS"，在按下回车键后，软件显示对应的操作提示（图 A2-4）。我们可以在列出的选项中进行挑选，选出一个选项来完成所需要的用户坐标系调整操作。在图中选择的是 X 选项，它的作用是驱使用户坐标系绕其自身的 X 轴旋转。

指定 UCS 的原点或［面(F)/命名(NA)/对象(OB)/上一个(P)/视图(V)/世界(W)/X/Y/Z/Z 轴(ZA)］<世界>: **X**

指定绕 X 轴的旋转角度 <90>:

图 A2-4　绕 X 轴旋转用户坐标系的操作过程

UCS 命令中部分选项的含义如表 A2-1 所示。

表 A2-1　UCS 命令中部分选项的含义

选项	含义
Origin	设置用户坐标系新的原点（Origin），平移用户坐标系
Zaxis	用原点和 Z 轴正半段上的点，设置新的坐标系原点和 Z 轴
3points	用原点、X 轴正半段上的点、XY 平面正半部分上的点，重新设置用户坐标系
Entity	根据所选实体的坐标系设置新的用户坐标系
View	坐标系原点不变，令新的用户坐标系的 XY 平面与屏幕面平行
X/Y/Z	按右螺旋法则[①]，用户坐标系绕 X / Y / Z 轴旋转
Prev	恢复前一个（被使用的）用户坐标系，作为当前用户坐标系
Restore	调用一个已保存的用户坐标系，作为当前使用的用户坐标系
Save	存储当前使用的用户坐标系，可供以后的操作调用
Del	删除一个已保存的用户坐标系
?	列表显示已经保存的用户坐标系名称
< World >	令当前用户坐标系（UCS）与世界坐标系（WCS）重合

① 右螺旋法则规定了旋转轴正向与旋转角度正方向的关系。令右手大拇指沿旋转轴的正向，四指弯曲方向便为旋转角度的正方向。

② 在 AutoCAD 2018 软件中，除了用 UCS 命令设置用户坐标系以外，还可以用鼠标点击图形区左下角的 UCS 图标进行设置。

第三节

用坐标值指定点

在绘图和建模的过程中，计算机软件会频繁提示操作者指定点的位置。图 A2-5 左上所示为 AutoCAD 软件要求指定位于圆弧上的三个点。图 A2-5 左下所示为软件要求指定一条直线的两个端点。图 A2-5 右所示为软件要求指定矩形框斜对角线的两个端点。我们需要完整地理解 AutoCAD 软件提示指定一个点的方式。

图 A2-5　AutoCAD 软件要求指定一个点的操作提示

用坐标值指定点的操作，与当前使用的坐标系有直接关系。坐标系的基础是数轴（Number Line）。平面直角坐标系由两根数轴组成（图 A2-6 左），其中水平位置的数轴为 X 轴，垂直位置的数轴为 Y 轴。两根数轴的交点为坐标系的原点。P 点在坐标平面中的水平（左右）位置由 P 点在 X 轴上的投影距离（在图中标为 8）决定，它的垂直（上下）位置由 P 点在 Y 轴上的投影距离（在图中标为 4）决定。通过使用平面直角坐标系，一个点的"位置"对应两个"坐标值"，"几何形状"就与"数值"发生了联系。

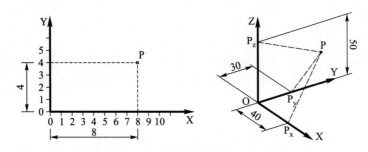

图 A2-6　平面直角坐标系与空间直角坐标系

坐标系可以用来确定空间一个点的位置。图 A2-6 右所示为一个由 X 轴、Y 轴和 Z 轴组成的直角坐标系。从空间点 P 到 X 轴作垂线，得到垂足点 Px，从坐标系原点 O 到垂足点 Px 的距离为 P 点的 X 坐标值（在图中标为 40）。从空间点 P 到 Y 轴作垂线，得到垂足点 Py，从原点到垂足点 Py 的距离为 P 点的 Y 坐标值（在图中标为 30）。从空间点 P 到 Z 轴作垂线，得到垂足点 Pz，从原点到 Z 轴上垂足点 Pz 的距离为 P 点的 Z 坐标值（在图中标为 50）。直角坐标系用三个坐标值来决定空间一个点的位置。

在 AutoCAD 软件中，用直角坐标的形式指定空间一个点的操作步骤如下：

（1）根据用户界面显示的提示信息进行判断，确认 AutoCAD 软件目前处于需要指定点的阶段（例如指定一条直线的起点，指定一个圆的圆心点，指定矩形上的对角点，指定平面多段线中的顶点等）。

（2）确认计算机目前处于英文输入状态（中文逗号与英文逗号对应不同的 ASCII 码，在软件处理输入信息过程中认为是两个不同的字符）。

（3）用键盘依次输入三个数值（允许带有小数），中间用英文逗号分隔，最后用按键盘上回车键的形式向软件表示输入坐标值的阶段结束。

（4）需要输入的第二个逗号和第三个数值允许省略。在这种情况下，软件认为该点的 Z 坐标等于零，指定的是位于 XY 平面内的一个点。

图 A2-7 左展示了一个对称分布于坐标系的矩形框，长度为 80 毫米，高度为 30 毫米。AutoCAD 软件绘制矩形框的操作被细分为指定两个点，软件将要求指定矩形框的左下角点和右上角点。这两个点确定了矩形框的大小和位置。AutoCAD 软件规定矩形框的边平行于坐标轴。

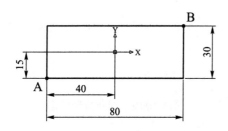

指定A点的直角坐标：

−40，−15

指定B点的直角坐标：

40，15

图 A2-7　图形中的点与它们的绝对直角坐标

为了得出矩形框左下角点的坐标，需要在它的长度方向和高度方向进行换算，将矩形框长度换算成为角点的 X 坐标，将矩形框高度换算成为角点的 Y 坐标。因为矩形框对称于坐标系原点分布，所以矩形框长度的一半在 Y 轴的左边，另一半在 Y 轴的右边。因此角点 X 坐标的绝对值等于矩形框长度的一半（$0.5 \times 80 = 40$）。又因为矩形框的左下角点位于坐标系左边，所以它的 X 坐标值为负值（-40）。同理，可以计算出矩形框左下角点的 Y 坐标值

等于 -0.5×30=-15。利用矩形框上两个斜对角点坐标值具有大小相等方向相反的特点，推算出矩形框右上角点的坐标值为（40，15）。

在 AutoCAD 软件中，绘制一个矩形框需要经历下列操作步骤：

（1）第一步，判断当前所处的状态（应该是等待命令输入的状态），分析此时是否可以输入绘制矩形框的操作指令（图 A2-8-1）；

（2）第二步，输入操作命令，进入绘制矩形框的操作状态（图 A2-8-2）；

（3）第三步，使用软件的坐标定点功能，指定矩形框左下角点（图 A2-8-3）；

（4）第四步，再次使用坐标定点功能，指定矩形框的右上角点（图 A2-8-4）；

（5）第五步，使用 AutoCAD 软件的屏幕缩放功能，通过 Zoom 命令中的 E 选项，进行屏幕自动缩放，实现所有图线的最大化显示（图 A2-8-5）。

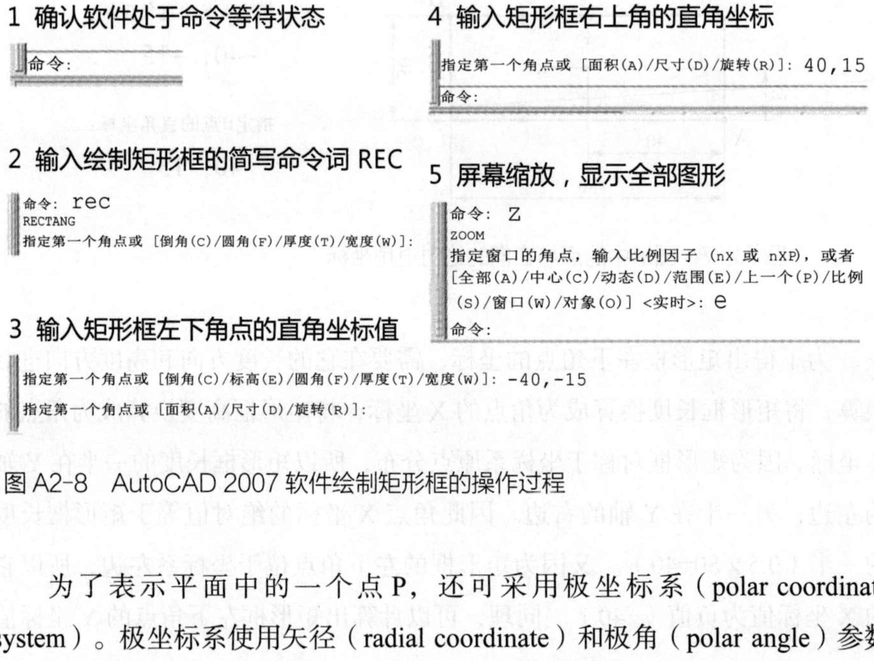

1 确认软件处于命令等待状态

命令：

2 输入绘制矩形框的简写命令词 REC

命令：rec
RECTANG
指定第一个角点或 [倒角(C)/圆角(F)/厚度(T)/宽度(W)]：

3 输入矩形框左下角点的直角坐标值

指定第一个角点或 [倒角(C)/标高(E)/圆角(F)/厚度(T)/宽度(W)]：-40,-15
指定第一个角点或 [面积(A)/尺寸(D)/旋转(R)]：

4 输入矩形框右上角的直角坐标

指定第一个角点或 [面积(A)/尺寸(D)/旋转(R)]：40,15
命令：

5 屏幕缩放，显示全部图形

命令：Z
ZOOM
指定窗口的角点，输入比例因子 (nX 或 nXP)，或者
[全部(A)/中心(C)/动态(D)/范围(E)/上一个(P)/比例
(S)/窗口(W)/对象(O)] <实时>：e
命令：

图 A2-8　AutoCAD 2007 软件绘制矩形框的操作过程

为了表示平面中的一个点 P，还可采用极坐标系（polar coordinate system）。极坐标系使用矢径（radial coordinate）和极角（polar angle）参数

表示一个点 P（图 A2-9 左），矢径是从极点 O 到 P 点的距离，极角是矢径线与极轴 OX 的夹角，从极轴逆时针转到矢径线为极角正方向。平面极坐标系与平面直角坐标系有各自不同的应用范围。在特定条件下，如果一个点的直角坐标值没有直接给出，需要经过三角函数换算才能获得，这时候改用极坐标比使用直角坐标更为直接简便，在绘制齿轮廓线（图 A2-9 中）的辅助射线（图 A2-9 右）时，就会遇到这种情况。

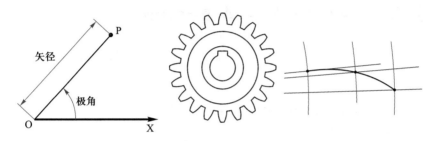

图 A2-9　绘制渐开线齿轮轮廓的过程

在 AutoCAD 软件中，平面极坐标的形式是"矢径长度＜极角值"。图 A2-10 给出了实例：绘制一条从坐标系原点出发，长度为 60 毫米，与 X 轴的夹角为 15°的直线。在指定起点时，输入绝对直角坐标值"0,0"，表示将直线的起点设置到坐标系原点。在指定终点时改用极坐标。首先输入极径值"60"，接着输入代表极坐标的特征符号"＜"，然后输入极角值"15"。最终输入回车键表示输入结束，再输入回车键表示不再继续绘制新的直线。最后用屏幕缩放命令（Zoom）中的 E 选项最大化显示。

坐标值的本质是长度，度量长度需要有一个作为基准的起点。AutoCAD 软件采用的第一种坐标基准是坐标系原点，以坐标系原点为基准的坐标称为"绝对坐标"。第二种是"相对坐标"，相对坐标的基准不是坐标系原点，而是软件指定的前一个点。相对坐标所表现的是"当前要指定的这个点"与"前一个指定的点"之间的相对位置，相对坐标值的实质是这两个点对应坐标值的差值。使用相对坐标值能够减少尺度换算。图 A2-11 所示为 AutoCAD 软件使用的绝对坐标与相对坐标。

1 指定直线的起点为原点

```
命令:1
LINE 指定第一点: 0,0
指定下一点或 [放弃(U)]:
```

3 输入回车键结束操作

```
指定下一点或 [放弃(U)]: 60<15
指定下一点或 [放弃(U)]:
命令:
```

2 用极坐标输入直线的终点

```
LINE 指定第一点: 0,0
指定下一点或 [放弃(U)]: 60<15
指定下一点或 [放弃(U)]:
```

4 显示全部图线

```
命令: Z
ZOOM
指定窗口的角点,输入比例因子 (nX 或 nXP),或者
中心(C)/范围(E)/上一个(P)/窗口(W)/对象(O)<实时>: e
命令:
```

图 A2-10　在 AutoCAD 2007 软件中绘制一条射线

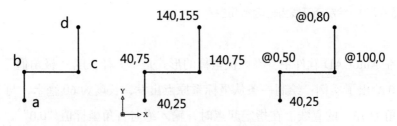

图 A2-11　AutoCAD 软件使用的绝对坐标与相对坐标

　　AutoCAD 2018 软件使用的第一种输入坐标值形式是向固定在用户界面底部的命令输入行输入坐标值。键入的纯数字坐标值被认为是绝对坐标值（与系统变量 DYNPICOORDS 的值有关）。如果在坐标值前加上字符"@"，则表示它是相对坐标值。

　　AutoCAD 软件的第二种坐标值输入形式是指针式坐标输入（Pointer Input）。在这种输入形式中，在屏幕中会出现一个随鼠标光标移动的文本框控件（图 A2-12 右上）。用键盘输入点的坐标值的通道是这个浮动的文本

框控件。指针式坐标输入形式使用的文本框控件可以调出，也可以隐藏。在 AutoCAD 2007 软件中，调出或隐藏该文本框控件的任务可以通过点击界面底部的 DYN 按钮完成。在 AutoCAD 2018 软件中，需要通过鼠标点击界面底部的 Dynamic Input 按钮（图 A2-13 左）加以切换。

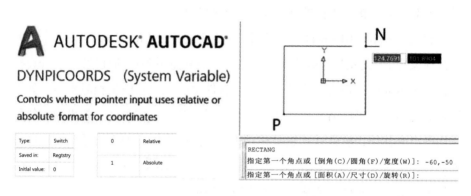

图 A2-12　DYNPICOORDS 系统变量说明与指针式坐标输入

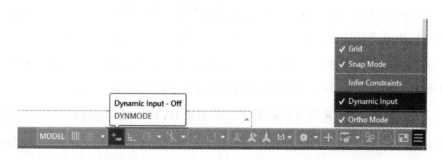

图 A2-13　在 AutoCAD 2018 软件中启用或关闭指针式输入坐标值

当指针式坐标输入形式被启用后，在屏幕中同时出现了两个允许输入坐标值的控件。我们可以用鼠标左点击的形式，在底部命令输入行控件和指针式坐标输入文本框控件之间进行选择。当底部命令输入行被鼠标点击为"输入焦点控件"时，点的坐标值从底部命令输入行输入。

当指针式坐标输入所用的文本框控件被鼠标点击为"输入焦点控件"时，坐标值输入改为第二种指针式坐标输入形式，指定点的坐标值从随鼠标光标移动的文本框输入。在指针式坐标输入形式中，指定操作状态中第一点的方式与第一种输入形式没有区别。但是在指定其余各点（第二点和以后各点）时，绝对坐标与相对坐标的认定规则有大的改变。

在 AutoCAD 2018 软件缺省状态，系统变量 DYNPICOORDS 的值等于 0。在这种设置下，使用指针式坐标输入的第二点和以后各点的纯数字坐标值时，尽管坐标值前面并没有带字符"@"，软件也会认为它们是相对坐标。如果输入的是第二点坐标值，软件认为它是相对于第一点的坐标。如果输入的是以后各点坐标值，软件认为它是相对于前一点的坐标。如果不希望出现这种强制性设置为相对坐标的情况，可以在坐标值前加上字符"#"。将本次输入的坐标值"一次性"地临时设置为绝对坐标。

当系统变量 DYNPICOORDS 的值设置为 1 时，不会再出现强制性设置相对坐标的情况。用纯数字形式向动态输入文本框键入的第二点和以后各点的坐标值被重新认为是绝对坐标。在这种状态下，如果还是要输入相对坐标，则需要在坐标值前加上字符"@"，将本次输入的坐标值"一次性"地设置为相对坐标。系统变量 DYNPICOORDS 的作用需要重视。

AutoCAD 软件帮助文档解释了系统变量 DYNPICOORDS 的作用和设置（图 A2-12 左）。其中的"relative format"是指"相对坐标形式"，"absolute format"是指"绝对坐标形式"。系统变量 DYNPICOORDS 的值控制（control）是否（whether）让指针式输入（pointer input）使用相对坐标形式，或是绝对坐标形式。DYNPICOORDS 的初始值（initial value）为 0。

系统变量（System Variable）是 AutoCAD 软件用来设置各种状态的变量。系统变量的值代表当前的设置状态。修改系统变量的方法是键入代表变量名称的字符串和回车键，输入该系统变量的新值以后再按回车键。

AutoCAD 2018 软件界面中位于底部的 Dynamic Input 按钮可以显示或者

隐藏。为此先用鼠标左点击位于软件界面右下角的按钮"Customization"，然后在弹出菜单中勾选或取消 Dynamic Input 条项（图 A2-13）。

在图 A2-14 中列出了用指针式输入坐标值的形式绘制图 A2-7 所示矩形框的过程。在绘制前要确认用于指针式输入坐标值的文本框控件是否已经显示，该控件的显示表示允许使用指针式输入坐标。还要确认系统变量 DYNPICOORDS 的值等于 0，它表示输入的第二点为相对坐标。

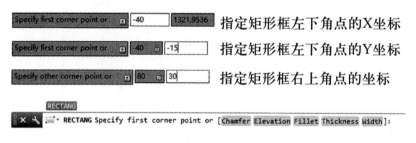

指定矩形框左下角点的X坐标
指定矩形框左下角点的Y坐标
指定矩形框右上角点的坐标

图 A2-14　用指针式输入坐标值的形式绘制矩形框

当用于指针式输入坐标值的文本框控件已经处于显示状态时，我们需要用鼠标点击它，使它替代底部命令输入行，成为当前的"输入焦点控件"。用键盘输入简写的操作命令词"Rec"和回车键，使 AutoCAD 软件进入绘制矩形框的操作状态。此时输入焦点位于文本框控件的第一段（图 A2-14 上）。键入数字"-40"代表矩形框左下角点的 X 坐标。键入英文逗号","使输入焦点进入文本框控件的第二段。键入数字"-15"代表矩形框左下角点的 Y 坐标（图 A2-14 中），再输入回车键表示左下角点的直角坐标值输入完毕。在指定右下角点坐标时，在第一段内输入"80"，在第二段内输入"30"，分别表示以第一点位参考点的相对 X 和 Y 坐标。

除了直角坐标系，AutoCAD 还提供同样具有定点功能的圆柱坐标系和球坐标系。圆柱坐标系（图 A2-15 左）可以认为是平面极坐标系加上直角坐标系中的 Z 坐标轴。在使用圆柱坐标系确定一个点 P 的时候，AutoCAD

软件要求用键盘输入"数值1 < 数值2,数值3",最后输入回车键表示结束。其中"数值1"表示坐标系原点 O 到 P 点的矢量 OP 在 XY 平面内投影 OPxy 的长度。符号"<"表示紧跟在后的数值2是代表角度的数值。"数值2"表示矢量投影 OPxy 与 X 轴的夹角值(ang1)。英文逗号","表示后面的"数值3"是 P 点的 Z 坐标,是矢量 OP 在 Z 轴上的投影 OPz。

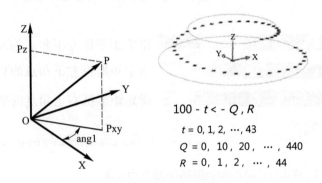

$$100 - t < - Q , R$$
$$t = 0, 1, 2, \cdots, 43$$
$$Q = 0, 10, 20, \cdots, 440$$
$$R = 0, 1, 2, \cdots, 44$$

图 A2-15　圆柱坐标系与宝塔形螺旋线上的点

图 A2-15 右上所示宝塔形螺旋线上的各个实体点用 AutoCAD 软件的 Point 命令生成。使用圆柱坐标指定各点的位置。圆柱坐标中的"数值1"对应公式中的 100-t。圆柱坐标中的"数值2"对应公式中的 -Q。圆柱坐标中的"数值3"对应公式中的 R。用变量 t 作为操作序号。变量 t = 0 表示在初始位置生成点。随着变量 t 的逐步增加,螺旋线上各点矢量投影 OPxy 的长度在逐步减少,它表示螺旋线的半径在缩短。OP 矢量投影环绕角从 0 变化到 440,点的 Z 坐标在逐步增加,它表示点的高度在增加。

在 AutoCAD 软件中只有三种坐标系(直角坐标系、圆柱坐标系和球坐标系),并没有单独存在的平面直角坐标系。所谓的平面直角坐标系仅仅是空间直角坐标系的一个特例(第三个坐标分量 Z 为 0)。AutoCAD 软件也没有单独存在的平面极坐标系,平面极坐标系归属于圆柱坐标系,它属于圆柱坐标系的一个特例（所有点的第三个坐标分量 Z 等于 0 ）。

AutoCAD 的球坐标系（图 A2-16 左）用一个长度值和两个角度值表示空间一个点 P。球坐标的格式是"数值 < 数值 < 数值"。从原点出发到点 P 形成一个矢量 OP，需要输入的第一个数值是从坐标系原点 O 到 P 点的距离，是矢量 OP 的大小。矢量 OP 在水平面上有投影 OPxy。需要输入的第二个数值是矢量 OP 投影 OPxy 与 X 轴正半段的夹角，该角度在图 A2-16 左中标识为"ang1"。需要输入的第三个数值是矢量 OP 本身与水平面的夹角，该角度在图 A2-16 左中标识为"ang2"。

在球坐标系中，ang1 角用来表示矢量 OP 绕 Z 轴的环绕位置。Ang2 用来表示矢量 OP 与 XY 平面的俯仰位置。球坐标系与平面极坐标系也有联系。当球坐标系中一个点的第三个坐标分量（俯仰角度值）为零时，球坐标系的实际作用也会发生改变，转化为表示平面点的平面极坐标系。

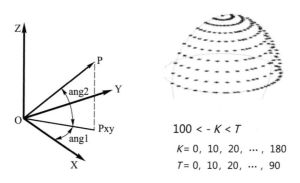

$$100 < -K < T$$
$$K = 0, 10, 20, \cdots, 180$$
$$T = 0, 10, 20, \cdots, 90$$

图 A2-16　球坐标系与球面上的点

在 AutoCAD 软件中，用球坐标表示一个点的操作是：用键盘依次输入"矢量 OP 的长度值"、表示角度的符号"<"、"环绕角度值"、表示角度的符号"<"以及"俯仰角度值"，最后再输入回车键表示球坐标输入完毕。

图 A2-16 右上表示一组位于球面上的点。球面上的点用球坐标系表示最为合适。图 A2-16 右下表示生成这些球面点所用的球坐标值。公式中的常数 100 表示固定不变的球半径，依次增大的 K 值表示环绕角度在变化，负号表示环绕角度方向与 Z 轴成左手法则关系，当球半径和俯仰角度都不变时。环绕角的变化会生成位于等高面上的环形点。依次变大的 T 值表示矢量 OP 的俯仰角度在逐渐增大。

第四节

用其他方式指定
图线中的"点"

    对象捕捉（Object Snap）是 AutoCAD 软件中重要的定点方式。所谓"对象"是指"图线"；所谓"捕捉"是指把已存图线上的端点、中点、圆心点等（图 A2-17）作为新点的位置。在对象捕捉定点方式中，由人和计算机软件来共同决定一个点的位置。操作者需要负责的部分是指定要捕捉的特征点类型，启用对象捕捉功能，选择一条图线。建模软件完成的工作是"执行"，按照操作者的要求来搜寻和最后确定图线上的"点"。

    与用鼠标光标在屏幕上定点的方式相比较，用对象捕捉定点有精确直观的明显优点。与用输入坐标值定点的方式相比较，对象捕捉又有操作简单准确的突出便利。对象捕捉分为长期有效的捕捉和一次性有效的捕捉。

    长期有效的捕捉在对象捕捉对话框中进行设置。在后续操作中，只要 AutoCAD 进入指定点的操作状态，软件就会自动启用设置好的对象捕捉功能，按照预先确定的特征点类型范围进行捕捉，不需要再用键盘输入代表特征点的字符串。在软件用户界面底部，有一个管理对象捕捉工作的操作按钮。

用鼠标点击该按钮可以切换长期有效对象捕捉的启用与停用。如果在需要指定点的状态中输入字符串 NONE，对象捕捉的设置临时性失效，在后续的定点操作中，如果不输入 NONE，对象捕捉设置继续有效。

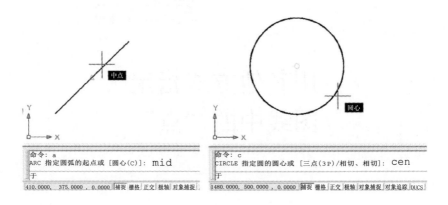

图 A2-17　AutoCAD 2007 软件捕捉图线中的中点和圆心点

一次性有效的捕捉是指临时设置一种特征点进行捕捉，设置方法是在要求指定点的状态中，用键盘输入代表特征点的修饰词。这种设置仅仅针对当前这一次操作有效，在后续操作中还是按照原来的对象捕捉设置处理。

从"端点"到"中点"，再到"圆心点"，对象捕捉涉及的图线特征点共有十种。为了准确地捕捉图线上的这些特征点，我们需要了解每一种特征点所对应的标识字符串（图 A2-18）。标识字符串就是图 A2-18 中用大写字母显示的部分。"端点"对应字符串 END；"交点"对应字符串 INT；"中点"对应字符串 MID；"切点"对应字符串 TAN。

为了设置长期有效的对象捕捉，需要进入对象捕捉对话框（图 A2-19 左）。用勾选其中若干个条目的方式进行设置。在早期的 AutoCAD 版本中，进入对象捕捉对话框的菜单选择操作是："工具"→"草图设置"→"对象捕捉"。在 AutoCAD 2018 软件中，进入对象捕捉对话框的操作是用鼠标左点击位于底部的"Object Snap"按钮，在弹出的菜单中设置要捕捉的图线特征点（图 A2-19 右）。当"对象捕捉"按钮处于深色线显示或者凹下显示状态时，表示在对象捕捉对话框中的设置目前"有效"。

END point	图线上离光标中心较近的一个端点	NEA rest	所选图线上离光标中心最近的点
CEN ter	所选圆的圆心点	PER pendicular	最后指定点到所选实体的垂足点
MID point	所选图线的中点	INTS ert	文字或图块的插入基准点
INT ersetion	所选两条线段的交点	NOD e	节点（用 POINT 命令生成的实体点）
TAN gent	所选整圆或圆弧上的连线切点	NONE	取消目前设置的所有图线特征点
QUA drant	圆周上，离光标中心最近的四等分点		

图 A2-18　AutoCAD 软件中特征点所对应的标识字符串

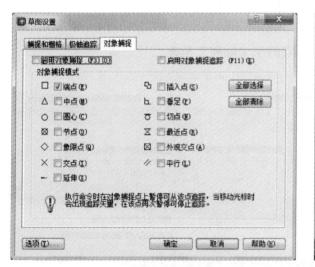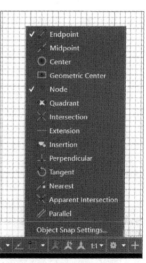

图 A2-19　AutoCAD 软件设置对象捕捉

坐标点过滤（XYZ Point Filter）是 AutoCAD 软件特有的指定点方式。与其他定点方式完全不同的是：坐标点过滤不是一次性指定某个点的全部坐标值，而是将三个坐标值分开，按照需要采用不同方式分别加以设置。坐标点过滤的实质是借用其他点的部分坐标作为当前点的部分坐标。

图 A2-20 中在矩形框对称中心处绘出了一个圆。在确定该圆的圆心时，使用坐标点过滤方式最便捷有效。在进入指定圆心的状态后，操作者用输入字符串".X"和回车键的形式"通知"软件用坐标点过滤的形式确定圆心点，首先要设定的是圆心点的 X 坐标。软件给出的"回复"是显示字符"of"或"于"，它的含义是要求操作者指定另外一个点，用该点的 X 坐标作为圆心点的 X 坐标。操作者接着输入字符串"MID"和回车键，它的含义是启用对象捕捉功能，捕捉一条图线的"中点"。软件接下来显示字符串"of"或"于"，它的含义是要求操作者选择图线。操作者按照软件的要求选择矩形框的水平边，AutoCAD 软件按照坐标点过滤的规则将矩形框水平边中点的 X 坐标作为圆心点的 X 坐标。软件继续要求指定圆心点的其余坐标值（Y 坐标和 Z 坐标），操作者指定矩形框垂直边的中点作为过滤对象，获取该中点的 Y 坐标和 Z 坐标作为圆心点的 Y 坐标和 Z 坐标。

图 A2-20　AutoCAD 软件使用坐标点过滤方式指定平面中的一点

坐标点过滤使用修饰词".X"表示下一步的设置仅仅与新点的 X 坐标设置有关，与新点的 Y 坐标和 Z 坐标设置无关。在新点的 X 坐标设置以后，新点的 Y 坐标和 Z 坐标还需要用其他方式指定。当一个点的三个坐标值可以分别用不同方式指定时，就体现出了足够大的灵活性。因为有这种灵活性，平面作图的效率可以大大提高。修饰词".XY"表示下一步的设置仅仅与新点的 X 坐标和 Y 坐标有关，不涉及 Z 坐标。可以用类似规则推知坐标点过滤的其余修饰词".Y"、".Z"、".YZ"、".ZX"等的作用。

第五节

修改"点"的位置

在手工作图阶段，修改图线上的点是很不容易的，因此修改图线属于要尽量避免的事情。但是在计算机辅助设计阶段情况变了，修改图线上的点变得很方便。我们要善用建模软件的"修改"功能，通过修改图线来形成轮廓线。在修改图形中，很大一部分的工作是修改点的位置。

AutoCAD 软件提供多种功能来修改点的位置。第一种方法是改变点的坐标属性，第二种方法是使用 GRIP 功能移动点的位置。修改点的操作可以针对单个点，也可以针对一组点，同时改变一组点的位置。在计算机平面作图与三维造型中，移动"点"位置的修改功能十分重要。

用改变属性的方式修改单个点位置的操作如下：

（1）在等待命令状态，用鼠标左点击方式选中一个图线实体；

（2）用鼠标右点击的操作形式弹出快捷菜单，选择其中"特性"选项，调出图线实体的属性对话框；

（3）在图线实体的属性对话框中，找到对应点的坐标值；

（4）用键盘输入对应点的新坐标值（覆盖原有坐标值），点击对话框的"OK"按钮后退出。

用自动编辑（GRIP）功能修改单个点位置的操作如下：

（1）在命令等待状态，用鼠标左点击方式选择一个或多个图线实体；

（2）图线实体被选中以后，会显示若干个蓝色的 GRIP 点；

（3）在显示的 GRIP 点当中，用鼠标左点击选择一个（红色）HOT 点；

（4）用鼠标拖动的方式，或者用输入相对坐标的形式，或者用输入绝对坐标的形式，指定 HOT 点的新位置。

自动编辑（GRIP）是 AutoCAD 软件中的重要功能。自动编辑的修改对象是图线上的点（图 A2-21）。进入自动编辑操作状态不需要输入命令词，也不需要点击某个操作按钮。它只需要在 AutoCAD 软件等待外界输入命令的状态，用鼠标左点击某条图线，就进入了对该图线进行自动编辑的操作状态。

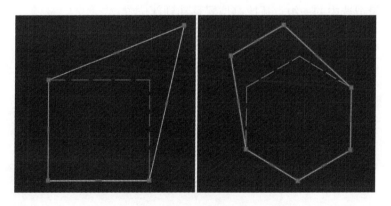

图 A2-21　用自动编辑功能移动图线中的 GRIP 点

用自动编辑（GRIP）功能修改一组点位置的操作如下：

（1）在命令等待状态，用鼠标左点击方式选择一个或多个图线实体；

（2）按下"Shift"键不放，在图线实体上显示为蓝色的 GRIP 点中，用鼠标左点击选择多个热点（HOT 点）；

（3）放开"Shift"键，再用鼠标左点击，选择一个热点作为基准热点；

（4）用鼠标拖动方式，或者输入相对坐标，或者输入绝对坐标，改变基准热点的位置，改变的结果是移动了所有被选择的热点。

除了使用 GRIP 功能以外，AutoCAD 软件还可以使用另外一种操作方式修改图线中一组点的位置，这就是图形编辑中的拖拽（STRETCH）功能：

（1）在用户界面底部的输入命令行中，用键盘输入命令词 STRETCH。

（2）观察软件提示（软件要求用适当方式确定图形拖拽范围）。

（3）输入选项字母 C 和回车键（将使用一个矩形框选择被移动的点）。

（4）用鼠标左点击方式在屏幕的图形区指定一个点，该点被作为矩形框的一个角点。然后将光标移动到另一点，用鼠标左点击形成一个矩形框。图线中位于该矩形框内的所有的点将作为拖拽对象。

（5）用适当方式指定两个点，从第一点到第二点决定一个拖拽矢量，用该矢量把选中的一组点从原有位置移动到新位置。

附录 3

实心体建模与修改

第一节

生成规则实心体

实心体（Solid）的基本类型分为三种：第一种是比较简单的规则实心体，例如立方体、圆柱体、球体等（图 A3-1）；第二种是用平面图线扩展生成的实心体，例如拉伸实心体、旋转实心体、扫掠实心体和放样实心体；第三种是若干个简单实心体，通过布尔操作组合而成的复合实心体。

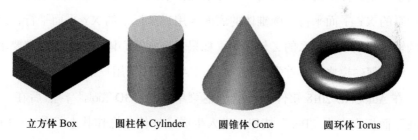

立方体 Box　　圆柱体 Cylinder　　圆锥体 Cone　　圆环体 Torus

图 A3-1　AutoCAD 软件生成的四种规则实心体

在 AutoCAD 软件中生成各种规则实心体时，需要输入的命令词就是实心体的英文名称：键入字符串"BOX"可生成立方体；键入"CYLINDER"可生成圆柱体；键入"SPHERE"可生成球体（图 A3-2）；键入"CONE"可生成圆锥体。键入"TORUS"可生成圆环体。

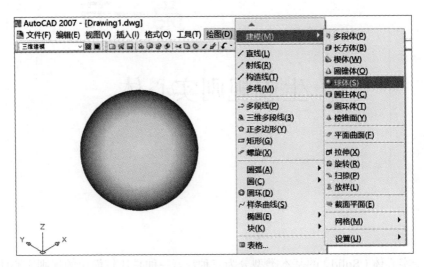

图 A3-2　AutoCAD 2007 软件生成球体的操作

在 AutoCAD 软件中，规则实心体的方位与当前使用的用户坐标系（UCS）有联系。立方体中的平面与用户坐标系坐标平面平行，圆柱体的端面与用户坐标系的 XY 平面平行，圆锥体的底面与用户坐标系的 XY 平面平行，圆环体的轴线与用户坐标系的 Z 轴平行。如果对规则实心体的方位有特殊要求，在三维几何建模之前，首先要调整 AutoCAD 软件的用户坐标系。

在 AutoCAD 2018 软件中，点击主菜单选项"3D Tools"，然后在"3D Tools"面板中点击"Box"按钮，进入生成立方体的操作状态（图 A3-3）。立刻可以执行的操作是指定立方体上第一个角点的位置（specify first corner）。还有一个候选操作（指定立方体对称中心点的位置），需要用键盘输入选项标识字母（C）以后才能执行。当我们用输入直角坐标的形式指定了立方体上第一个角点的位置后（图 A3-3 下），立方体的位置就被完全固定，立方体的大小还可以变化。AutoCAD 2018 会显示一个立方体框架，它的端点固定在刚刚指定的立方体第一角点，框架的大小可以随着鼠标移动而变化。软件提示指定另一个角点的位置（specify other corner）。除此以外，软件还提供两个操作选项：生成边长相等的正立方体（Cube），用设置边长（Length）的方式生成立方体。在这个阶段，我们可以按照实际情况，选择最合适的方式来设置立方体的大小。最简单的方式是指定立方体斜对角线的终点。将斜对角线的终点作为 AutoCAD 软件要求设置的"另一个角点"。立方体斜对角线的起点就是刚设置的立方体第一个角点。

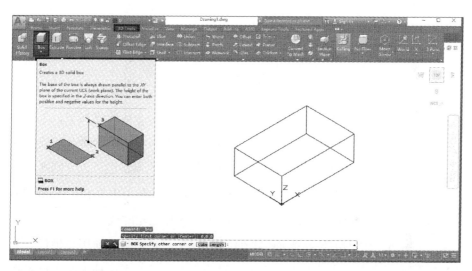

图 A3-3　在 AutoCAD 2018 软件中生成立方体

第二节

绘制和编辑平面
多段线

平面多段线与实心体建模有直接联系，在生成实心体的过程中，平面多段线可以是拉伸、旋转、扫掠等的操作对象。平面多段线中的所有线段组成单一图形对象。在平面多段线（Polyline）中既有直线段，也可以有圆弧段，为此需要在两种状态（绘制直线状态和绘制圆弧状态）中切换。AutoCAD软件能够设置平面多段线的线段宽度，在图纸中加粗轮廓线。

AutoCAD软件规定：平面多段线的所在平面必须与当前用户坐标系的XY平面平行或者重合。在绘制平面多段线之前，要检查这种限制条件是否满足。如果条件不满足，必须首先调整用户坐标系XY平面的方位。

为了进入AutoCAD软件的绘制平面多段线操作状态，可以输入操作命令全称"PLINE"，或者输入简写的操作命令词"PL"，在早期的AutoCAD版本中，还可选择菜单选项"绘图"→"多段线P"。在AutoCAD 2018中，进入位于用户界面上方的Draw面板，直接点击其中的Polyline按钮。

在进入绘制平面多段线的操作状态以后，AutoCAD 2007软件提供了图

A3-4 所示的操作提示。提示中第一行的文字表示软件当前已经进入了绘制平面多段线的操作状态。提示的第二行文字表示是要求操作者指定平面多段线的起点。提示的第三行文字是显示当前使用的线条宽度值。第四行的提示给出了一个直接可以执行的操作选项（指定直线段的端点），软件同时还给出了五个备用的操作选项：键入字母 A，将从绘制直线段的状态改为绘制圆弧段的状态，新圆弧与当前直线段将保持相切关系；键入字母 H，将指定平面多段线的线条一半宽度；键入字母 L，指定当前直线段的长度（当前直线与上一段直线同方向）；键入字母 U，将取消刚绘制的上一段直线或上一段圆弧；键入字母 W，指定整条多段线的线条宽度值，该功能可用于在机械图纸中区分零件轮廓线和其他图线。

```
命令: _pline
指定起点:
当前线宽为 0.0000
指定下一个点或 [圆弧(A)/半宽(H)/长度(L)/放弃(U)/宽度(W)]:
```

图 A3-4　绘制平面多段线的操作提示

在平面多段线直线段的绘制过程中，当一条直线绘制完毕后，如果我们用键盘输入字母 a 和回车键，就进入了绘制圆弧的状态。AutoCAD 软件提供另外一种平面多段线操作提示（图 A3-5）。提示中的第三行为要求操作者指定一条圆弧段的终点，这是缺省的（直接可以执行的）操作。

```
当前线宽为 0.0000
指定下一个点或 [圆弧(A)/半宽(H)/长度(L)/放弃(U)/宽度(W)]: a
指定圆弧的端点或
[角度(A)/圆心(CE)/方向(D)/半宽(H)/直线(L)/半径(R)/第二个点(S)/放弃(U)/宽度(W)]:
```

图 A3-5　绘制平面多段线中的圆弧段

在绘制圆弧操作提示中的第四行，还提供了若干个候选备用的操作，它们表示为了绘出当前这一段圆弧，还可以采用其他不同的操作方式：

（1）键入字母 A，选择"角度（A）"选项，先输入当前圆弧所对的圆心角（限定圆弧段的圆心角为固定值），然后指定圆弧的终点。

（2）输入字母 CE，选择"圆心（CE）"选项，先指定当前圆弧的圆心点（固定圆弧段的圆心点），然后指定圆弧段的终点。

（3）输入字母 D，选择"方向（D）"选项，先指定一点，该点与圆弧起点的连线为当前圆弧段在起点处的切线，然后指定圆弧段的终点。

（4）输入字母 R，选择"半径（R）"选项，先输入当前圆弧的半径值（固定圆弧段的半径），然后指定圆弧段的终点。

（5）输入字母 C，从当前段末尾点向平面多段线的起点连接一条直线，形成闭合的平面多段线。

（6）输入字母 S，指定当前圆弧中段上的第二个点（Second Point），然后指定圆弧段的终点，用三点（圆弧段起点、圆弧中段上的一点、圆弧段终点）指定一段圆弧。如果没有人为指定圆弧中段上一个点，当前圆弧会与前一个线段保持相切关系。指定了圆弧中段上一点就可解除这种约束，形成特定形状的圆弧。

（7）输入字母 L，改变操作状态，从绘制圆弧段的状态改为绘制直线段的状态。

摇手柄是常用的机床配件。图 A3-6 所示为摇手柄的截面轮廓线，其中含有六条直线段和三条圆弧段。进入 AutoCAD 的绘制平面多段线操作状态后，首先指定平面多段线的起点 a（图 A3-7-1）。调用 Width 选项设置平面多段线的线条宽度值（图 A3-7-2）。指定水平直线段 ab 的终点（图 A3-7-3）。指定其他直线段（bc、cd、de、ef、fg）的终点（图 A3-7-4）。

在绘制平面多段线过程中，为了从绘制直线状态转入绘制圆弧状态，要调用 Arc 选项（图 A3-7-5）。输入字母 S（用指定圆弧中段上一点的方式绘圆弧），指定该圆弧中段上的一点（图 A3-7-6）。指定圆弧终点，绘出当前圆弧段（图 A3-7-7）。绘出轮廓线第二段圆弧 hi（图 A3-7-8）。

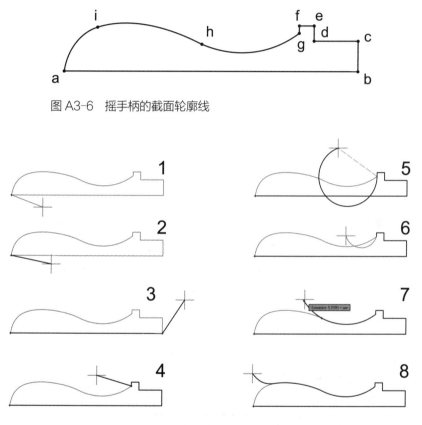

图 A3-6　摇手柄的截面轮廓线

图 A3-7　用平面多段线绘制摇手柄的截面图形

编辑平面多段线是 AutoCAD 软件提供的重要功能（图 A3-8）。它的第一种功能是改变平面多段线的形状，用来满足设计要求变化的需要。它的第二种功能是用组合的方式生成新的平面多段线，将各自独立的直线和圆弧串联合并（Join）成为单一的图形对象。这一功能在草图整合阶段极为重要。

进入编辑平面多段线的操作状态有四种方式：第一种是键入简写命令

PE；第二种是用键盘输入全称命令 PEDIT；第三种是在 AutoCAD 2007 软件中依次选择菜单选项"修改 M"→"对象 O"→"多段线 P"；第四种是在 AutoCAD 2018 软件中，在图形区中选择一条平面多段线，然后点击鼠标左键，在弹出菜单列出的选项中指定"Polyline"→"Edit Polyline"。

```
命令: pe
PEDIT 选择多段线或 ［多条(M)］:
输入选项 ［闭合(C)/合并(J)/宽度(W)/编辑顶点(E)/拟合(F)/样条曲线(S)
                /非曲线化(D)/线型生成(L)/放弃(U)］:
```

图 A3-8　修改平面多段线的命令选项

进入编辑平面多段线的操作状态后，首先需要选择一条被编辑的平面多段线（Select Object），如果被选的不是平面多段线，要将其转换成为平面多段线。表 A3-1 所示为 AutoCAD 软件提供的部分编辑平面多段线的选项。

表 A3-1　AutoCAD 中部分编辑平面多段线的选项

选项	说明
打开（O）	将闭合的平面多段线改变为开口的（不闭合）平面多段线
闭合（C）	在起点和终点之间连接一条直线，形成闭合的平面多段线
合并（J）	将若干首尾相连的直线段或圆弧连接成一整条平面多段线
宽度（W）	设置多段线的新宽度（要分别指定起始宽度和终止宽度）
编辑顶点（E）	移动、增加、删除平面多段线上的顶点
拟合（F）	用曲线拟合的方法改变平面多段线的形状
样条曲线（S）	将平面多段线强制变形为 B 样条曲线
非曲线化（D）	将平面多段线上的各线段修改为直线段
放弃（U）	取消上一步修改平面多段线的操作

在几何形体的外观设计中，平面多段线作为轮廓线使用。平面多段线也是拉伸实心体、旋转实心体等的建模基础，所以平面多段线与形体的形状有紧密联系，在外观设计的过程中，必然要频繁地修改平面多段线。

在平面多段线中，线段之间的连接点称为顶点（Vertex）。这些顶点决定了平面多段线的形状。AutoCAD 软件提供了一系列修改这些顶点的功能。在编辑平面多段线的操作状态中，用键入字母 E 的形式调出选项"编辑顶点（E）"，进入编辑平面多段线顶点的操作状态（图 A3-9）。在这种状态下，我们可以在现有的平面多段线中插入顶点，删除顶点，移动各个顶点的位置，改变线段形状，调整平面多段线在顶点处的切线方向。

```
PEDIT
输入选项 [闭合(C)/合并(J)/宽度(W)/编辑顶点(E)/拟合(F)/样条曲线(S)
                        /非曲线化(D)/线型生成(L)/放弃(U)]: e
输入顶点编辑选项
[下一个(N)/上一个(P)/打断(B)/插入(I)/移动(M)/重生成(R)/拉直(S)
                        /切向(T)/宽度(W)/退出(X)] <N>:
```

图 A3-9　编辑平面多段线顶点的命令选项

进入编辑平面多段线顶点的状态以后，AutoCAD 软件在平面多段线上显示一个叉形标记，表示当前顶点的位置，当前顶点就是被修改的对象。通过用键盘输入选项标签字符"N"或"P"，可以使该标记在各个顶点之间移动，然后通过表 A3-2 所示的选项对当前顶点的位置进行修改操作。

表 A3-2 AutoCAD 中对当前顶点位置进行修改操作的选项

选项	说明
下一个（N）	向前移动当前顶点（选择前一个顶点作为当前顶点）
上一个（P）	向后移动当前顶点（选择后一个顶点作为当前顶点）
打断（B）	再选择一个顶点，删除该顶点与当前顶点之间的线段
插入（I）	在当前顶点的前方，插入一个新的顶点
移动（M）	指定当前顶点的新位置（移动当前顶点）
重生成（R）	按照当前设置，重新生成平面多段线
拉直（S）	在平面多段线上再选择一个顶点，将该顶点与当前顶点之间线段修改为直线段
切向（T）	在当前顶点上，为曲线拟合操作设置切线方向

第三节

用拉伸方式生成实心体

　　相当多的实心体具有"板状"特征，其特点是平面轮廓线被"加厚"，从而由平面图线转换为实心体（图 A3-10 右）。几乎所有的建模软件都提供拉伸功能。在 AutoCAD 软件中，为了进入生成拉伸实心体的操作状态，需要输入的命令词是"Extrude"，在 AutoCAD 2007 选择菜单中的选项是"绘图"→"建模"→"拉伸"（图 A3-10 左）。在 AutoCAD 2018 软件中，先选择主菜单选项"3D Tools"，然后点击"Extrude"按钮（图 A3-11 上）。

　　被拉伸的对象必须是一条封闭的平面多段线（图 A3-10 右下）。在缺省状态，拉伸方向沿平面多段线所在平面的法线方向，法线正向规定是生成该平面多段线时的 Z 坐标轴正方向。拉伸操作还可以使用其他方向。

　　对于被拉伸的平面图线有严格的要求。首先它必须是平面多段线，不能是其他类型的图线。平面多段线必须首尾相接形成闭合。如果存在断开现象，即使是很微小的断开，拉伸后只会生成"面"，不生成实心体。平面多段线中也不能存在互相重叠和交叉的部分，否则在拉伸过程中，AutoCAD 会提示"不能扫掠或拉伸自交的曲线"，无法生成实心体。

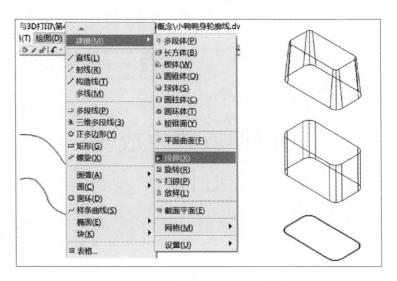

图 A3-10　AutoCAD 2007 软件中的拉伸操作

　　决定拉伸实心体形状的是平面轮廓线的形状、拉伸高度、拉伸方向，还有拔锥角度（Tape Angle），它决定了在拉伸过程中形体的缩放程度。在拉伸操作中选择了平面多段线以后，可以直接设置拉伸高度。也可以键入选项字母"T"，设置拔锥角度。在缺省状态，拔锥角度等于零。平面轮廓线在拉伸过程中完全没有变化（图 A3-10 右中）。如果拔锥角度设为大于零，平面轮廓线在拉伸过程中会按比例缩小（图 A3-10 右上）。生成圆锥体和其他带有锥度的几何形体，拉伸操作还可以调用"路径 P"选项，该选项的作用是沿一条直线或曲线拉伸。调用"方向 D"选项后，平面多段线不是沿平面轮廓线的法线拉伸，而是沿指定的方向拉伸。

　　在 AutoCAD 2018 软件中，进入拉伸实心体的操作状态后的第一步是选择被拉伸的平面多段线（"Select objects to extrude"）。在选择了平面轮廓线以后进入第二步：指定拉伸的厚度（"Specify height of extrusion"）（图

A3-11）。

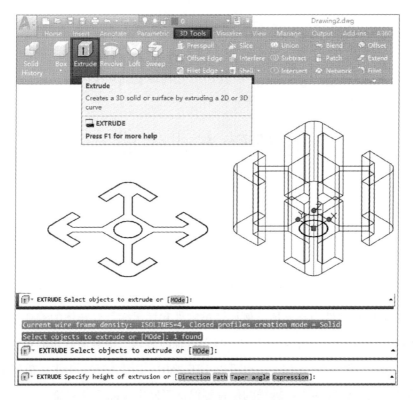

图 A3-11　AutoCAD 2018 软件中的拉伸操作

第四节

用旋转方式生成实心体

许多机械零件为旋转体，例如轴类零件和摇手柄。旋转体的特征是一条封闭的平面多段线（图 A3-12 左）绕固定轴线旋转。横截面旋转的角度可以等于 360°（图 A3-12 右），也可以小于 360°（图 A3-12 中），旋转的方向可正可反。旋转体固定轴线的位置要保证不发生截面干涉现象。

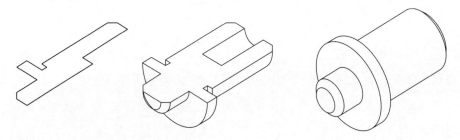

图 A3-12　用旋转体组成的机械零件

AutoCAD 软件生成回转体的操作命令是 Revolve，也可以使用菜单选项。在 AutoCAD 2007 中选择菜单选项"绘图 D"→"建模 M"→"旋转 R"（图 A3-13）。在 AutoCAD 2018 软件中，先点击主菜单选项"3D Tools"，然后点击"Revolve"按钮（图 A3-14）。操作第一步是选择被旋转的平面多段线，平面多段线包络的区域就是旋转体的横截面。第二步指定旋转轴。第三步用数值指定平面多段线绕旋转轴的旋转角度，角度正向与旋转轴指向有关。

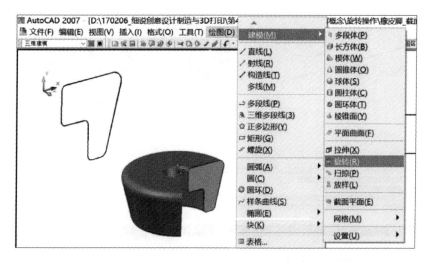

图 A3-13　AutoCAD 软件生成旋转实心体

在生成旋转体的过程中，作为截面轮廓的平面多段线是重要的操作对象。要求它首尾相连形成封闭，不能有断裂、交叉和分支等不正常现象。如果存在这类情况，生成旋转体的操作就会出错，无法得到需要的结果。

在选择了截面轮廓线以后，就进入了设置旋转轴线的阶段。首先要求指定的是"轴起点"。如果按照这个要求指定了一个点，就进入了"用两个点确定旋转轴线"的模式。接下来指定另一个"轴端点"。旋转轴的正向从轴起点指向轴端点。旋转角度正向与旋转轴正向遵循右手螺旋法则，右手大拇指指向旋转轴的正向，右手四指弯曲方向是旋转角度的正方向。

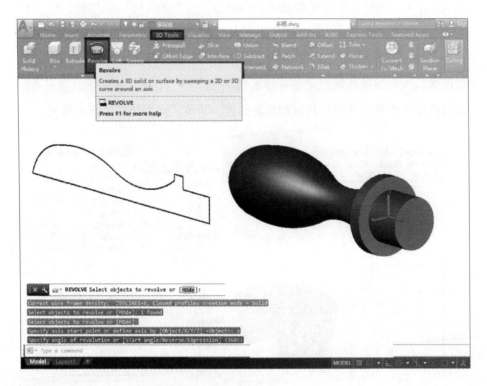

图 A3-14　AutoCAD 2018 软件生成旋转实心体

如果希望改用其他指定轴线的模式，就要在软件给出的候选操作选项中进行挑选。第一种候选模式是用一个图形对象的两个端点指定旋转轴。需要用键盘输入字母"O"，选择"对象（O）"选项，旋转轴的正方向与选择位置有关。第一种候选模式是将用户坐标系的 X 轴作为旋转轴。需要用键盘输入字母"X"，选择"X"选项。同理可以将用户坐标系的 Y 轴或 Z 轴作为旋转轴。旋转体表面的光滑程度受系统变量 ISOLINES 控制。在命令等待状态输入系统变量名加以设置。该系统变量值越大，表面越光滑。

第五节

用扫掠方式生成
实心体

建模软件可以生成扫掠实心体（Sweep Solid）。所谓"扫掠"，是将单条封闭的平面轮廓线作为操作对象，驱使它沿着一条路径线（Path）移动，在移动过程中，轮廓线平面的法线与路径线的切线始终保持平行，所有穿过轮廓平面的空间区域作为新建实心体的区域。扫掠实心体使用的路径线可以是平面多段线，也可以是一条位于空间的螺旋线（图 A3-15 中）。

扫掠路径

截面图线

图 A3-15 用平面轮廓线和路径线生成扫掠实心体

使用命令词 Sweep，在 AutoCAD 软件中进入生成扫掠实心体的操作状态。在 AutoCAD 2007 中对应的菜单选项是"绘图 D"→"建模 M"→"扫掠 P"（图 A3-16 右）。在 AutoCAD 2018 中，需要在主菜单中点击"3D Tools"选项，然后在对应的面板中点击"Sweep"按钮（图 A3-17 上）。

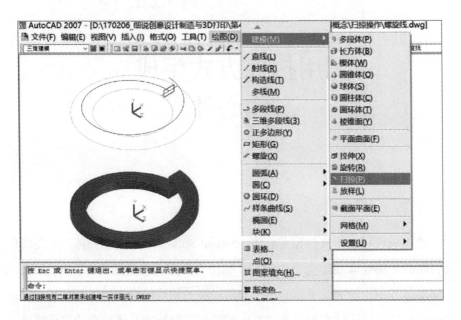

图 A3-16　AutoCAD 2007 软件生成扫掠实心体

在 AutoCAD 2018 软件中，进入生成扫掠实心体的操作状态以后，可以直接执行的操作是选择扫掠对象（Select objects to sweep），在作为被扫掠对象的平面多段线选择完毕后，需要输入回车键表示选择结束。然后选择路径线（Select sweep path）。软件还提供其他一些候选的操作选项，如表 A3-3 所示。

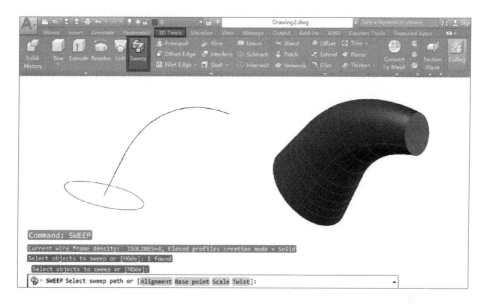

图 A3-17　在 AutoCAD 2018 软件中生成扫掠实心体

表 A3-3　AutoCAD 中的扫掠操作选项

选项	说明
生成模式（Mode）	决定生成的是实心体（Solid），还是曲面（Surface）
对准模式（Alignment）	决定平面轮廓线的方位在扫掠时是否要变动
基准点（Base point）	决定路径线是否要平移（到平面轮廓线中心）
缩放（Scale）	决定平面轮廓线在扫掠过程中是否要缩放
扭转（Twist）	决定平面轮廓线在扫掠过程中是否要扭转

在图 A3-17 中，一个椭圆被选择为扫掠的对象，一条带有圆弧段的平面多段线被选择为扫掠操作的路径。用扫掠操作提供的 Scale 选项设置了缩放系数（0.5），使椭圆图形在沿路径线扫掠过程中逐渐缩小。

在 AutoCAD 2018 软件中，扫掠实心体表面上曲面部分的光滑程度可以调整。系统变量 ISOLINES 的值决定了扫掠实心体的表面网格密度，从而决定了扫掠实心体以及其他实心体表面的圆润性，也决定了扫掠实心体所产生的数据量。系统变量 ISOLINES 的缺省值为 4。

第六节

用放样方式生成
实心体

放样（Loft）是一种建模概念，它用若干条位于空间的平面多段线来规定实心体的形状。平面多段线的作用是作为放样实心体的各个剖面轮廓，还可以用路径线或导向曲线来修正实心体的形状，适合生成形状不规则的实心体（图 A3-18 右）。放样实心体比拉伸实心体有更强的表现力。

图 A3-18　用位于空间的多条平面多段线生成放样实心体

为了进入生成放样实心体的操作状态，在 AutoCAD 2007 中选择菜单选项 "绘图 D" → "建模 M" → "放样 L"。在 AutoCAD 2018 中选择主菜单选项"3D Tools"，然后在面板中点击"Loft"按钮（图 A3-19 右）。放样操作的命令词是 Loft。在 AutoCAD 软件的早期版本中没有此项功能。

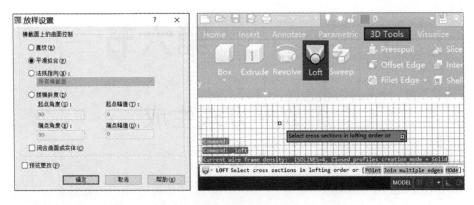

图 A3-19　AutoCAD 2018 软件中的放样操作

　　进入放样操作状态后进行的操作是：① 选择放样对象；② 决定是否添加路径线或导向曲线；③ 在软件提供的四种放样模式（直纹模式、平滑拟合模式、法线指向模式、拔模斜度模式）中进行选择。

　　在放样操作的第一阶段，AutoCAD 软件提示"按放样次序选择横截面"，其中的"横截面"是指用于放样的平面多段线。要求按照各条平面多段线在实心体中的排列顺序，用鼠标左点击方式逐一加以选择。在第二阶段，AutoCAD 软件在对话框中提供三个选项，让操作者决定是否要增添新的放样对象：通过鼠标点击其中的"导向（G）"选项，添加路径线参加放样。路径线的作用是引导放样的轨迹。通过鼠标点击其中的"路径（P）"选项，添加导向曲线参加放样。导向曲线的作用是辅助平面多段线，规定放样实心体的外形。选项"仅横截面（C）"的设置是不使用导向曲线和路径线，只使用横截面曲线作为放样对象，这是最简单的放样形式。

　　在第三阶段要设置放样模式（图 A3-19 左）。第一种为"直纹"模式，相邻两条截面图线用直纹面连接，实心体表面在横截面部位有不光滑的突变。

第二种为"平滑拟合"模式，实心体表面仅仅在起始横截面和终止横截面处有突变，其余部位的表面均按照样条曲线要求处理成平滑光顺。第三种为"法线指向"模式，在横截面处，使实心体表面上的曲面切向与横截面法线保持一致。第四种为"拔模斜度"模式，"起点角度"决定了位于放样实心体起始横截面处的"倒角"倾斜角度，"起点幅度"决定了"倒角"的长度。在放样实心体终止横截面处，也有类似设置。

在 AutoCAD 2018 软件中，生成放样实心体涉及的概念如下：

（1）实心体表面网格密度（Wire Frame Density），可用系统变量 ISOLINES 修改；

（2）放样实心体中的横截面图线（Cross Section）；

（3）横截面图线在放样实心体中的排列顺序（Lofting Order）；

（4）Point 操作选项，指定放样操作的起点或终点；

（5）Join multiple edges 选项，选择多段封闭线段作为一个横截面图线；

（6）Mode 选项，控制放样操作生成实心体还是生成曲面；

（7）Guides 选项，指定控制放样体表面的导引曲线（Guide Curves）；

（8）Path 选项，指定生成放样体的路径线（Path Curve）；

（9）Cross section only 选项，在放样中不使用导引曲线，也不使用路径线；

（10）Settings 选项，显示放样设置对话框（Loft Settings Dialog Box）。

第七节

实心体之间的布尔操作

　　布尔运算（Boolean Operation）是数字符号化的逻辑推演法。它有加（Union）、减（Subtraction）和交（Intersection）三种类型。取名"布尔运算"是为了纪念英国数学家乔治·布尔（George Boole）。计算机图形学认为实心体（Solid）是用它的各个边界面包围的一个空间区域。两个或更多实心体占据的空间区域可以通过三种逻辑运算重新组合（图 A3-20）。

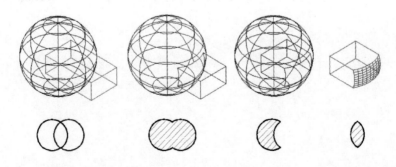

图 A3-20　两个实心体之间的相加、相减和相交操作（参见书后彩图）

计算机建模软件的算法基础取自计算机图形学的研究成果，所以计算机建模能够提供实心体布尔运算功能。图 A3-21 左所示为 AutoCAD 早期版本进入布尔操作的菜单选项排列。图 A3-21 右为 AutoCAD 2018 软件执行布尔操作的操作按钮。我们的任务是进入某一种实心体布尔操作状态，在图形区中用适当的方式选择参加布尔操作的实心体，计算机建模软件会调出所选实心体的形体数据，执行布尔操作，显示运算结果。

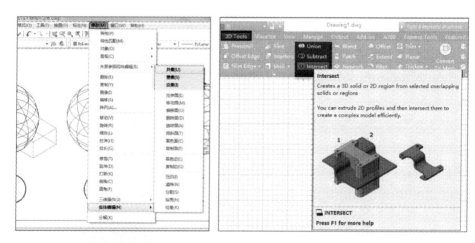

图 A3-21　在 AutoCAD 软件中进行实心体布尔操作（参见书后彩图）

实心体相加操作合并实心体区域，将分属各个实心体的区域整合为一个区域（图 A3-20 左中）。为了进入实心体相加的操作状态，可以键入命令词"Union"，也可以选择菜单选项或者点击操作按钮。在 AutoCAD 2007 软件中，依次选择菜单选项"修改 M"→"实体编辑 N"→"并集 U"（图 A3-21 左）。在 AutoCAD 2018 软件中，要点击主菜单中的 3D Tools 选项，在随即出现的面板中用鼠标左点击 Union 按钮（图 A3-21 右）。

进入软件的实心体相加操作状态后，通过鼠标左点击选择方式，或者用矩形框选择方式，在用户界面的图形区中选择需要合并的若干个实心体，最后输入回车键结束对实心体的选择，由软件执行对实心体的相加操作。图A3-22左有一个球体和三个圆锥体。经过布尔相加操作后，这四个实心体聚合成为一个实心体（图A3-22中）。图A3-23左中的两条平面多段线绕中心轴线旋转后，成为各自独立的两个实心体（图A3-23中），经过布尔相加操作后，它们结合成为一个代表阀门基座的实心体。

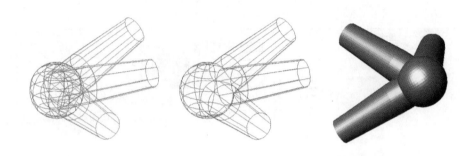

图A3-22　在AutoCAD软件中进行实心体相加操作（参见书后彩图）

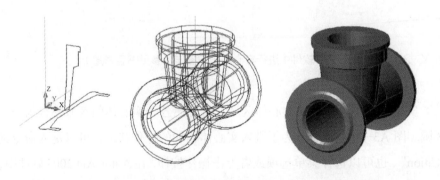

图A3-23　用实心体相加操作生成阀门基座模型（参见书后彩图）

实心体相减操作是在一个或多个实心体区域中，去除另外一个或多个实心体占据的区域（图A3-20中右）。为了进行实心体相减操作，不仅要选择实心体，还要向AutoCAD软件指明在所选的这些实心体中，哪些实心体是被执行相减操作的母体，还有哪几个是执行相减操作的工具体。

进入实心体相减操作状态的命令是"Subtract"。还可选择菜单选项和点击操作按钮。在 AutoCAD 2007 中，选择菜单选项"修改 M"→"实体编辑 N"→"差集 U"（图 A3-21 左）。在 AutoCAD 2018 中，点击主菜单选项 3D Tools，然后在面板中点击 Subtract 按钮（图 A3-21 右）。

图 A3-24 左所示为一个立方体和四个圆柱体。在布尔相减操作前，它们是各自独立的五个实心体。在布尔相减操作中，选择其中的立方体作为被减母体，选择四个圆柱体作为执行相减操作的工具体。布尔相减操作后只剩下一个"空心"的立方实心体（图 A3-24 中），在立方实心体内部产生了四个圆孔特征，圆孔的大小取决于原来作为工具体的圆柱体的大小，四个圆孔的位置就是四个工具体的位置。图 A3-24 右用剖切方法去除立方体的前半部分，显示实心体相减操作后所形成的内部形状。

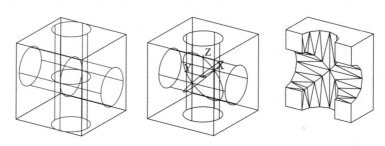

图 A3-24　在 AutoCAD 软件中进行实心体布尔相减操作

进入实心体相减操作状态以后，软件提示选择实心体（Select objects），这时要选择的实心体是被去除部分空间的母体。在这些实心体选择完毕之后，需要输入回车键。该回车键的第一个作用是结束对被减母体的选择。第二个作用是作为分隔标志，它向建模软件"说明"：在回车键前面选择的实心体都作为被减的母体，在回车键后面选择的实心体是用来在母体中去除部分区域的工具体。软件继续提示选择工具体（Select objects … to subtract）。在工具体选择完毕后，再次按回车键执行实心体相减操作。

相交操作将多个实心体共同占有的区域作为新实心体区域。两个原来互相独立的球体和立方体（图 A3-20 左）在执行了相交操作以后，转化为图 A3-20 右所示的实心体，它占据球体与立方体共同所有的空间。

进入实心体相交操作状态的命令词是"Intersect"，也可以在 AutoCAD 2007 中选择菜单选项"修改 M"→"实体编辑 N"→"交集 U"（图 A3-21 左）。在 AutoCAD 2018 中，点击主菜单选项 3D Tools，然后在其面板中点击 Intersect 按钮（图 A3-21 右）。进入操作状态后，选择参加相交操作的各实心体。软件要求这些实心体占据的空间要互相连通。

图 A3-25 左所示为由六边形拉伸而成的毛坯实心体由截面图线旋转生成实心体。布尔相交操作后，在毛坯体边缘生成了圆角特征（图 A3-25 中）。继续进行三维镜像操作和布尔相加操作，生成代表螺孔的旋转体，然后进行布尔相减操作，建立如图 A3-25 右所示的六角螺母模型。图 A3-26 左为一个框架。在该框架不同平面中绘制两条平面多段线（图 A3-26 左中）。拉伸平面多段线生成两个实心体（图 A3-26 右中）。对这两个实心体进行布尔相交操作，形成一个钣金件模型（图 A3-26 右）。

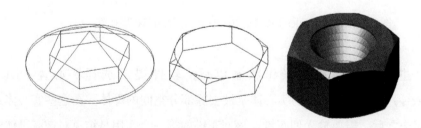

图 A3-25　用实心体布尔相交操作生成六角螺母模型（参见书后彩图）

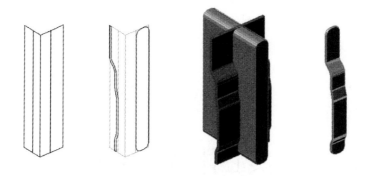

图 A3-26　用实心布尔相交操作生成薄板零件模型（参见书后彩图）

第八节

实心体边缘倒角

为了安全使用和美观方面的考虑，在日用器具和机械零件的两表面相交处，需要避免出现直角甚至锐角边缘，所以要对实心体的边缘进行倒角处理，使这些边缘的形态从锐利转变为圆滑。为此 AutoCAD 软件提供倒圆角（Fillet）功能（产生过渡的圆弧面）和倒斜角（Chamfer）功能（生成过渡的斜面）（图 A3-27）。这两种倒角功能都属于实心体编辑（Edit Solid）的范围。

图 A3-27　对实心体边缘的倒圆角操作和倒斜角操作

键入命令词"Fillet"进入实心体边缘倒圆角操作状态。也可以在AutoCAD 2007 中逐个选择菜单选项"修改 M"→"圆角 F"。在 AutoCAD 2018 软件中点击主菜单中的 Home 选项，然后在 Home 面板中点击 Fillet 按钮。进入软件的倒圆角操作状态后，移动鼠标，当位于光标中心的选择框位于实心体边缘线上时，鼠标左点击。将该边缘线作为倒圆角操作的对象。下一步操作是指定圆角的半径值，可以用输入回车键的方式使用当前有效的圆角半径，也可以用键盘输入新的圆角半径。继续逐条选择要倒圆角的实心体边缘。第一种方法是用鼠标左点击的方式逐一进行单条选择。第二种方法是调用成链选项（C），该选项的功能是自动选择所有与当前边缘线相连的边缘线。最后键入回车键，执行对实心体边缘倒圆角操作。

在实心体上对某条边缘线倒斜角的操作涉及六个部分：①进入实心体倒斜角的操作状态；②接受建模软件已经设置好的距离值，或者用键盘输入新的距离值；③在实心体上指定一条要倒斜角的边缘线；④指定基准面（第一条倒角边所在的实心体表面）；⑤指定第一倒角边距离（相当于直角三角形中的直角边）；⑥指定第二倒角边距离。

用键盘输入命令词"Chamfer"，或在 AutoCAD 2007 软件中选择菜单选项"修改"→"倒角"，进入实心体倒斜角操作状态。软件给出的第一行提示是确认已经进入倒圆角操作状态（图 A3-28 右）。第二行提示的含义是表示当前处于倒角修剪状态（删除原有线条），以及当前使用的两个倒角边长度值。第三行提示的含义是可供执行的操作。操作的第一部分是立即可以执行的缺省操作（"指定第一条直线"），第二部分是若干个候选操作（需要用键盘输入一个字母后才能执行的操作）。在图 A3-28 右第三行末尾，输入了字母"d"，这表示调用"距离（D）"选项，由操作者输入新的倒角边距离，用键盘输入第一倒角边和第二倒角边的距离值。

当输入了倒角边距离以后，软件又重新给出了原来的操作提示（图 A3-28 右第六行）。在这个阶段，用鼠标左点击的方式，在实心体上选择一条设置基准面的边缘线。软件接下来给出提示"基面选择…"，同时用虚线显示实心体中的一个面。它们的含义是：AutoCAD 软件目前认为"这个面是第一倒角边长所在的面"。如果你认为确实如此，可用输入回车键的方式表示接受（"当前 OK"）。如果你认为需要改变这种情况，则输入字母"N"，表示调用"下一个（N）"选项。软件会改用另一个相邻的表面作为"基面"。AutoCAD 软件规定第一倒角边位于基面上。在设置了基面以后，再确认或修改两个倒角边距离值，选择需要倒斜角的边缘线，执行倒斜角操作。

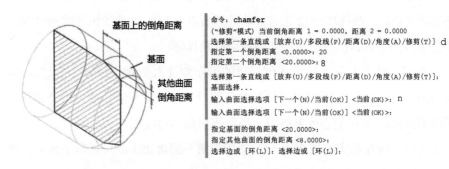

图 A3-28　对实心体边缘倒斜角的操作过程

在 AutoCAD 软件中，倒圆角命令（Fillet）和倒斜角命令（Chamfer）既可以对平面图线进行倒角，也可以对实心体的边缘进行倒角。软件会根据所选取的图形对象，自动进入不同的倒圆角或倒斜角操作状态。

第九节

用平面分割实心体

　　为了完整地介绍自己的创意，不仅要描述设计对象的外观，还应该揭示它的内部构造。AutoCAD 软件提供把一个实心体分割成两个部分的功能（图 A3-29）。通过分割实心体可以生成剖面，显露物件的内部形状。在产品外观设计过程中，通过分割实心体，还能够产生新的形状特征。

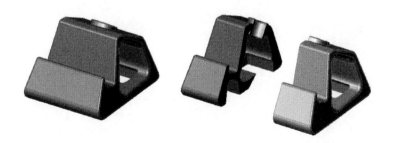

图 A3-29　分割实心体的操作

AutoCAD 软件分割实心体的操作步骤是：① 键入命令"Slice"，进入分割实心体的操作状态。② 选择被分割的实心体。③ 指定一个切割平面，可供选择的方式有：直接使用坐标平面（XY 坐标面，YZ 坐标面，ZX 坐标面）进行分割；用空间三个点设置一个任意方位的切割平面（图 A3-30）；根据与 Z 轴垂直的方位设置切割面；设置与屏幕平行的切割面。④ 决定对切割结果的处理。建模软件提供的第一种处理方式是将分割生成的两个实心体全部保留（使用 Both 选项）。第二种方式是在两个实心体中删除一个实心体。具体方法是以分割平面为界，在被保留的一侧指定一个点。分割实心体的操作关键是在空间指定一个分割平面。

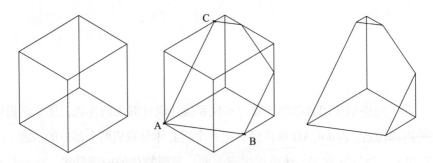

图 A3-30　在空间用三个点指定一个分割实心体的平面

附录 4
关于 AutoCAD 软件的信息资源

第一节

学习 AutoCAD 软件

　　AutoCAD 是美国 Autodesk（欧特克）公司开发的绘图和建模计算机软件，在 1982 年被首次推向市场，可用于机械工程、土木建筑工程、交通运输工程、室内装潢设计、环境艺术设计、服装制版等领域内的专业化制图和计算机辅助设计。Autodesk 公司总部位于美国加利福尼亚州（California）圣拉斐尔市（San Rafael），在全球 111 个国家和地区建有分公司和办事处，研发人员超过 1500 名。公司官网的网址是 http://www.autodesk.com（图 A4-1）。

　　AutoCAD 软件问世已有 30 多年，使用的操作命令超过 500 条，用于设置的系统变量接近 600 个，需要了解的内容相当多，而且各个知识点之间都有特定的联系。因此我们有必要研究如何使学习 AutoCAD 软件变得更有效率。目前常用的自学形式有：① 阅读有关专业书籍，在有关章节中获得经过作者归纳整理的信息资料；② 在问题中提炼出关键词，用互联网搜索引擎进行检索，在遍布全世界的网站和数据库中调用所需要的信息；③ 登录 Autodesk 公司官网，在不同栏目中了解最全面的第一手资料；④ 在

AutoCAD 软件附带的帮助文档（Help）中获取信息资料。这四种学习形式各有特点，也都有局限性，要根据实际情况加以选用。

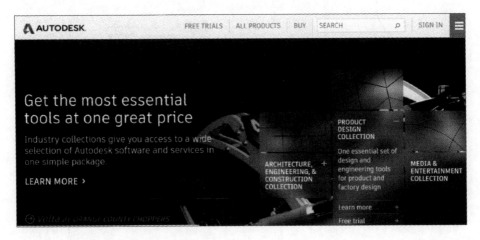

图 A4-1　Autodesk 公司的官网首页

第二节

互联网提供的 AutoCAD 软件信息

通过互联网获取专业知识已经成为科学研究中不可缺少的基本手段。在不知道信息源的所在位置时，首先需要依赖搜索引擎帮助我们"寻找"资料。搜索引擎通过运行专用程序在互联网上收集了几千万到几十亿个网页信息，建立了庞大的索引数据库。当登录搜索引擎，在其搜索栏中输入某个关键词后，索引数据库中所有包含该关键词的网页都将被提取出来，并按照特定规律在屏幕上依次排序显示。通过这种形式，我们可以在很短的时间内获知所需要的一般介绍性信息。

图 A4-2 所示为用百度搜索引擎了解 AutoCAD 软件的操作功能。输入的关键词分为两部分：第一部分"autocad"限定了一个大范围，要求在与 AutoCAD 软件有关的范围内进行搜索。第二部分关键词"抽壳"将搜索范围进一步缩小，只要求搜索与 AutoCAD 软件中与抽壳操作有关的内容。按下"百度一下"按钮后，我们就得到了超过十万条的参考信息。

图 A4-2　用百度搜索引擎了解 AutoCAD 软件的操作功能

　　整理检索到的信息，我们获得了与抽壳有关的基础概念：① 抽壳操作将内部充满的实心体变为封闭和或者是开口的薄壁体；② 为了在 AutoCAD 软件中进入抽壳操作状态，需要输入命令词 solidedit，然后选择其中的 Body 选项或 Shell 选项；③ 为了生成开口的薄壁体，抽壳操作要求在实心体表面上删除一个或多个表面，然后指定薄壳体厚度。

　　图 A4-3 所示为用百度搜索引擎了解 AutoCAD 软件的基本概念——"图层"。第一次输入组合关键词："AutoCAD 图层 概念"，目的是了解"图层"这一基本概念。第二次输入组合关键词："AutoCAD 图层 操作"，目的是具体了解在 AutoCAD 软件中如何对图层进行操作。

　　经过分析后得出：① "图层"是一种保存图形对象的形式；② 在缺省状态，一个图形文件内只有一个图层（Layer 0），可以用"新建"形式，添加其他多个图层；③ 在新建图层时，可以设置图层名，以后还可以修改；④ 在所有图层中，有一个图层是"当前图层"，新绘制的图形对象位于当前图层上；
⑤ 每个图层都可以被设置为"当前图层"；⑥ 每个图层都可以被设置为"打
开"状态（显示该层上的图形对象，同时可以被选中进行修改）、"锁定"
状态（显示该层上的图形对象，但不能对其进行修改）、"关闭"状态（隐
藏该层上的图形对象，这些对象参加缩放平移等运算）和"冻结"状态（隐
藏该层上的图形对象，这些对象不参加运算）。

图 A4-3　用百度搜索引擎了解 AutoCAD 软件的基本概念

第三节

Autodesk 公司官网

　　AutoCAD 软件最初在美国开发成功，相关的原始信息都是英文资料，因此需要在中文检索的基础上再进行英文检索。效率最高的途径是进入 Autodesk 公司的官网（图 A4-1）。在 Autodesk 公司的官网界面上部的搜索栏（SEARCH）中，用键盘输入英文关键词以后，就可以检索到相关信息。例如输入"AutoCAD tutorial"以后，可以看到一系列与 AutoCAD 自学教程有关的内容（图 A4-4）。点击第一条项就进入了 AutoCAD 软件的知识网络（Knowledge Network）。从设置图层到设置文字式样，从创建三维动态视图到视口布局中的比例视图，从绘制圆环到绘制螺旋线，从生成实心体到编辑实心体，在提供的教程中，介绍了 250 多个基本概念。

　　与纸质专业书籍相比，互联网自学教程的第一个优点是提供目录索引，内容详细全面，没有篇幅限制。互联网自学教程的第二个优点是可用关键词检索内容。在教程页面上有搜索栏，只要用键盘输入需要了解的关键词，相关的内容就会立即显示在屏幕上，检索的效率远远超过阅读纸质书籍。互联网自学教程的第三个优点是可以即时保存内容，教程提供的是可以复制和粘贴的电子文档。我们使用文本编辑软件，在很短的时间内就可以收集大量的文字信息和图片信息。这些图文信息经过删繁就简，合并归类和文字修饰，就可以自然地形成学习笔记，帮助我们深入研究特定的问题。

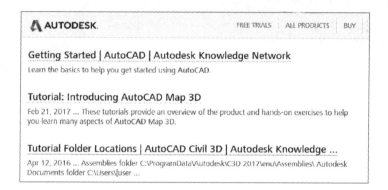

图 A4-4　在 Autodesk 官网中搜索到的 AutoCAD 软件自学教程信息

在浏览器输入网址 https://knowledge.autodesk.com/，可直接进入 AutoCAD 知识网络（Autodesk Knowledge Network）（图 A4-5）。它的快速入门栏目（Getting Started）提供自学教程、教学视频和学习文档。它的学习和探索栏目（Learn & Explore）为已经有基础的学习者提供学习资料。下载栏目（Download）提供更新服务包和软件的试用版本，向学生和教师提供免费软件和 DWG 文件浏览器。在发现并排除故障栏目（Trouble Shooting）中，可以获知针对各种软件操作问题的解决方案。这些信息资料准确、全面、详尽，对于使用 AutoCAD 软件进行设计的初学者帮助甚大。

在 Autodesk 知识网络界面上部的搜索栏（Search）中输入关键词 "Layer" 后，我们就可立即获得关于 AutoCAD "图层" 概念的文字描述（图 A4-6）。图层（Layer）是图形文件（Drawing）用来组织图形对象的主要方法。图层通过功能（Function）和目的（Purpose）管理图形对象。通过隐藏一些目前不需要看到的图线和图层操作能减低屏幕中图形显示的复杂程度。

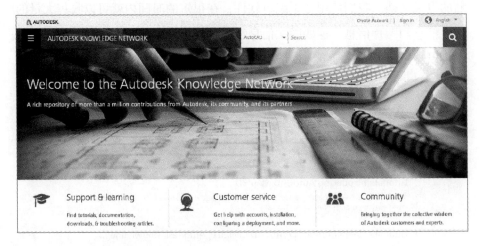

图 A4-5　Autodesk 知识网络的用户界面

About Layers

Layers are the primary method for organizing the objects in a drawing by function or purpose. Layers can reduce the visual complexity of a drawing and improve display performance by hiding information that you don't need to see at the moment.

Before you start drawing, create a set of layers that are useful to your work. In a house plan, you might create layers for the foundation, floor plan, doors, fixtures, electrical, and so on.

图 A4-6　Autodesk 知识网络中关于图层的介绍

在 Autodesk 知识网络中用关键词 "Helixes" 进行检索，可以得到螺旋线的定义（ "an open 2D or 3D spiral" ）以及螺旋线作为扫描路径的作用（ "as a path along which to sweep an object" ）。还可得到螺旋线的形状参数：底圆半径（Base radius）、顶圆半径（Top radius）、螺旋线总高度（Height）、螺旋线的圈数（Number of turns）、单圈高度（Turn height）、扭转方向（Twist direction）（图 A4-7）。

About Helixes

A helix is an open 2D or 3D spiral.

You can use a helix as a path along which to sweep an object to create an image. For example, you might sweep a circle along a helix path to create a solid model of a spring.

When you create a helix, you can specify the following:

- Base radius
- Top radius
- Height
- Number of turns
- Turn height
- Twist direction

图 A4-7　Autodesk 知识网络关于螺旋线的描述

在 AutoCAD 知识网络中用关键词"Paper Space"进行检索，可以得到与"图纸空间"有关的介绍：AutoCAD 软件有两个互相独立的工作空间，第一个空间是三维的模型空间(Model Space)，它适用于绘图操作和建模操作。在模型空间的多视口视窗布局，打印输出的只能是当前一个视口中的图线。第二个空间是图纸空间（Paper Space），它适合于平面排版和打印输出。在图纸空间，可以布置多个视口，用打印机同时输出（图 A4-8）。

There are two distinct working environments, called "model space" and "paper space," in which you can work with objects in a drawing.

- By default, you start working in a limitless 3D drawing area called *model space*. You begin by deciding whether one unit represents one millimeter, one centimeter, one inch, one foot, or whatever unit is most convenient. You then draw at 1:1 scale.
- To prepare your drawing for printing, switch to paper space. Here you can set up different layouts with title blocks and notes; and on each layout, you create layout viewports that display different views of model space. In the layout viewports, you scale the model space views relative to paper space. One unit in paper space represents the actual distance on a sheet of paper, either in millimeters or inches, depending on how you configure your page setup.

Model space is accessible from the Model tab and paper space is accessible from the layout tabs.

图 A4-8　Autodesk 知识网络关于图纸空间的介绍

第四节

AutoCAD 软件的
帮助文档

为了便于使用者查阅相关参考资料，AutoCAD 软件提供了完备的帮助文档（Help）。这些电子文档分为两种形式：第一种是在线帮助文档（Online Help），需要连接互联网，通过浏览网页进行阅读。第二种是离线帮助文档（Offline Help），这种电子文档要从 Autodesk 官网下载，在个人计算机中进行安装，安装后不需要联网就能阅读帮助文档的内容。

AutoCAD 软件的帮助文档详细解释了各条操作命令的作用和使用方法，介绍了每一个系统变量的功能，还附有快速入门教程。阅读帮助文档中的内容是学习 AutoCAD 软件的重要途径。调出帮助文档对话框可以使用不同的方式：① 键入命令 Help；② 按功能键 F1；③ 在 AutoCAD 软件的早期版本中依次选择菜单项"帮助"→"帮助"。在安装了 AutoCAD 2018 软件后，还要需要从 Autodesk 知识网络的 Downloads 页面下载脱机帮助文件的安装包（图 A4-9），然后进行解压安装。

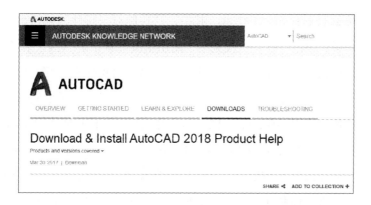

图 A4-9　在 Autodesk 知识网络中获得脱机帮助文件安装包

　　在 AutoCAD 软件的帮助文档提供的大量信息中，我们可以直接获得由软件开发者撰写的技术文档。根据这些资料了解 AutoCAD 软件的基本概念，知道如何进行系统设置，如何判断软件目前所处的状态，怎样进入一种操作状态，如何判断软件的反应，如何理解软件给出的操作提示，如何根据这些提示进行下一步的操作，以及当操作出现问题后如何找出原因。

　　AutoCAD 2018 软件的离线帮助文档的用户界面如图 A4-10 所示。在初始状态，在界面右侧显示了帮助文档目录。用鼠标点击其中的"Commands"，会出现有关操作命令的介绍和解释。"System Variables"条项介绍系统变量。"Developer Documentation"条项介绍 AutoCAD 二次开发的参考资料。

　　帮助文档界面的左上方有一个搜索栏，使用者可以用键盘向搜索栏输入一个关键词，在界面右侧区域中就会显示文字和图形，介绍有关的内容（图A4-11）。

　　AutoCAD 2007 软件的中文帮助文档第一部分是"用户手册"，它从使用的角度介绍软件的特点和操作（图 A4-12）。其中"用户界面"栏目介绍了软件的工具栏、菜单栏、快捷菜单和面板。"控制图形视图"栏目介绍了视图的平移缩放、保存和调用视图、平行投影和透视投影、三维视图。"创建和修改对象"中有五个子栏目。其中，"控制对象特性"子栏目介绍了对象特性、图层、颜色、线型、线宽；"使用精度工具"子栏目介绍了坐标系、对象捕捉、栅格捕捉、正交锁定、坐标过滤器、对象捕捉追踪、指定距离、提取对象的几何图形信息；"绘制几何对象"子栏目介绍了绘制线性对象、绘制曲线对象、绘制参照图形、创建与合并面域、创建和使用块（Block）；"修改现有对象"子栏目介绍了选择对象和删除对象，用移动、复制、旋转、偏移、镜像的方式修改对象；在"使用三维模型"子栏目中介绍了创建三维对象、修改三维实体和曲面、在三维模型中创建截面和平面图形。

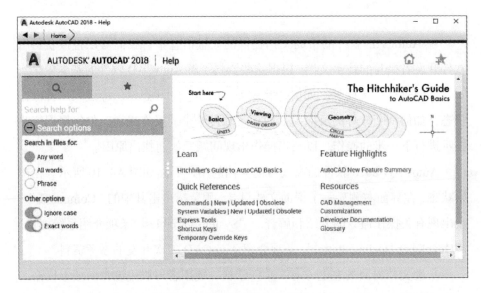

图 A4-10　AutoCAD 2018 软件的离线帮助文档用户界面

　　帮助文档的第二部分是"命令参考"，有四个方面的内容。在"命令参考"栏目中，所有的操作命令在左侧按照字母顺序排列（图 A4-13）。在右侧的"概念"部分解释当前选中命令的作用，"操作步骤"部分和"命令"部分则说明如何使用这条命令。在"命令修饰符"栏目中，介绍命令修饰符的作用和使用方法。其中的坐标过滤器（XYZ Filter）和对象捕捉（Object Snap）十分重要，能够大幅度地提高绘图和三维建模的效率。

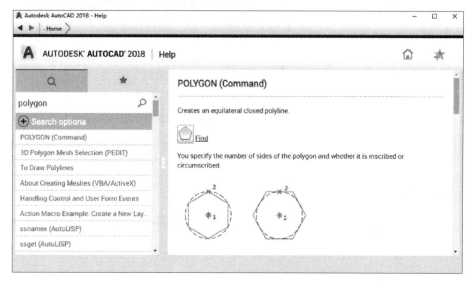

图 A4-11　AutoCAD 2018 离线帮助文档中关于绘制正多边形的介绍

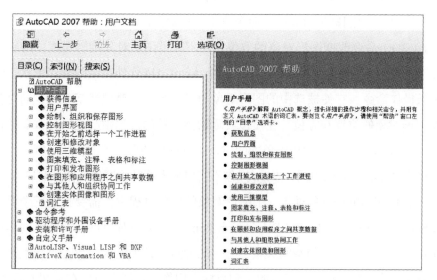

图 A4-12　AutoCAD 2007 软件的离线帮助文档的目录

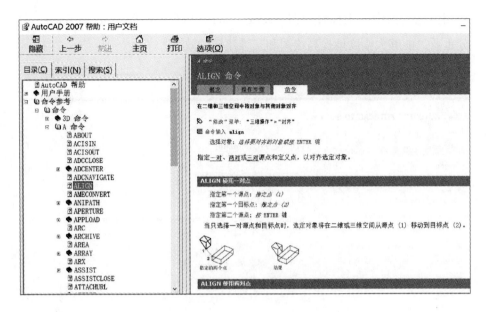

图 A4-13　AutoCAD 软件离线帮助文档中关于 Align 操作命令的介绍

　　在计算机辅助设计过程中，经常需要改变图形对象的位置和方位。在一般情况下，用移动（Move）命令改变图形对象的位置，用旋转（Rotate，Rotate3D）命令改变图形对象的方位。在不知道图形对象旋转角度的特殊情况下，我们需要改用其他操作。Align 是 AutoCAD 软件改变图形对象状态的一条操作命令，它使被选中的图形对象向另一个图形对象严格对齐，同时改变图形对象的位置和方位，在模拟实际物体运动的过程中起到十分重要的作用。Align 操作在移动图形对象的同时，也有旋转图形对象的作用，但它与旋转操作命令有很大的不同，Align 操作不需要输入旋转角度值（图 A4-13）。

　　在使用 Align 命令对齐一个图形对象的操作过程中，需要指定三个源点（Source）和三个目标点（Destination Point）。第一对源点和目标点的作用是设置移动图形对象的空间矢量，其中的源点是该矢量的起点，目标点是该矢量的终点。第二对和第三对源点和目标点用作设置图形对象在空间的旋转。

用空间的三个点可以完全确定一个平面。在 Align 操作中设置的第一个源点、第二个源点和第三个源点用来确定图形对象原有方位的平面，设置的第一个目标点、第二个目标点和第三个目标点用来设置图形对象的新方位。如果仅仅是在同一个平面内对齐图形对象，第三对的源点和目标点不需要具体指定，只需要输入回车键。

　　系统变量（System Variable）在 AutoCAD 软件中的作用十分重要。利用系统变量可以显示软件的当前状态，也可控制软件的工作方式。AutoCAD 软件的状态和参数都要通过对应的系统变量来进行设置。在帮助文档的"系统变量"栏目中，所有的系统变量在对话框左侧按照字母顺序排列（图 A4-14 左）。用鼠标左点击的方式选中一个系统变量，展开之后，在对话框右侧区域显示文本，解释该系统变量的作用和设置方法。

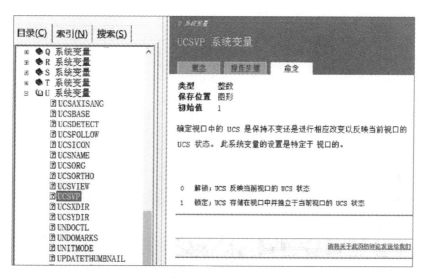

图 A4-14　AutoCAD 帮助文档对系统变量 UCSVP 的说明

　　AutoCAD 软件可以使用多视口视窗布局。系统变量 UCSVP 决定了一个视口内的用户坐标系（UCS）设置。当该系统变量等于 1 时，用户坐标系与视口有锁定关系。当改变视口内的观察视线以后，用户坐标系的位置不会随之变化，还是保持原有状态。在这种情况下，改变视口内的观察视线的操作实质上是启用了一个新的用户坐标系，这个坐标系与其他视口内的用户坐标系不一样。当该系统变量等于 0 时，用户坐标系与视口解除锁定关系，该视口内的用户坐标系与当前视口内的用户坐标系保持一致。UCSVP 的缺省值为 1，帮助文档对 UCSVP 的说明如图 A4-14 所示。

参考文献

[1] 李约瑟. 李约瑟：中国科学技术史. 北京：科学出版社，2003.

[2] 查尔斯·辛格. 技术史：第Ⅳ卷 工业革命. 辛元欧，译. 上海：上海科技教育出版社，2004.

[3] 邹慧君，蒋祖华. 趣谈无所不在的设计. 北京：科学出版社，2010.

[4] 孙家广，胡事民. 计算机图形学基础教程. 北京：人民邮电出版社，2005.

[5] 李启炎等. 计算机绘图（中级）：AutoCAD 三维建模与深入运用. 上海：同济大学出版社，1999.

[6] 二代龙震工作室. AutoCAD 2004 中文版机械设计范例集. 北京：电子工业出版社，2004.

[7] CAD/CAM/CAE 技术联盟. AutoCAD 2018 中文版从入门到精通. 北京：清华大学出版社，2018.

[8] 龙马高新教育. AutoCAD 2019 中文版实战从入门到精通. 北京：人民邮电出版社，2018.

[9] 赫德·里普森，麦尔芭·库日曼. 3D 打印：从想象到现实. 北京：中信出版社，2013.

[10] 中国机械工程学会. 3D 打印：打印未来. 北京：中国科学技术出版社，2013.

[11] 杨振贤，张磊，樊彬. 3D 打印：从全面了解到亲手制作. 北京：化

学工业出版社，2015.

[12] 高帆 . 3D 打印技术概论 . 北京：机械工业出版社，2015.

[13] 王铭，刘恩涛，刘海川 . 三维设计与 3D 打印基础教程 . 北京：人民邮电出版社，2016.

索引

图1 通过3D打印，将"创意"变为"现实"

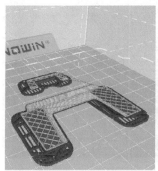

图5 在切片软件中分层观察，模拟3D打印过程

图6 3D打印机中的3D打印头

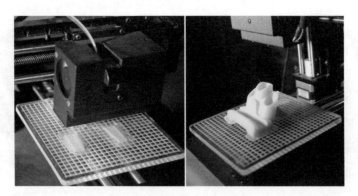

图 7　用 3D 打印机加工出实物样品

图 1-10　从事搬运、焊接和装配操作的工业机器人

图 1-12　中小学生的手工艺作品

图 1-13　中小学生的科技作品

图 2-1　表现机械零件和装配体的数字模型

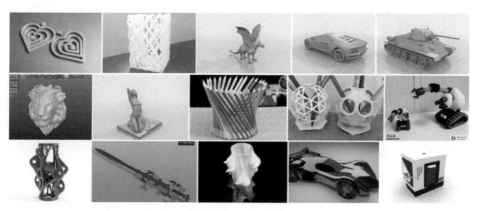

图 2-7　提供数字模型下载服务的互联网网站（打印虎）

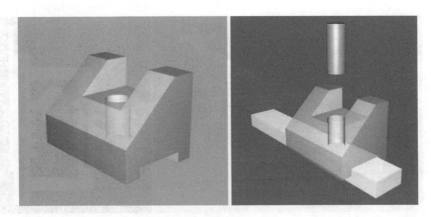

图 2-8　设计一个在导轨上滑动的块座构件

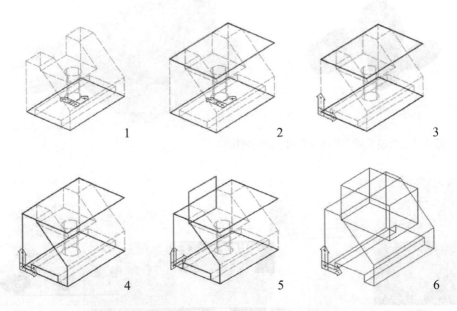

图 2-9　块座零件的三维建模过程

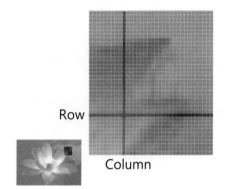

MoveToEx

Windows Mobile 6.5

This function updates the current position to the specified point
and optionally retrieves the previous position.

Syntax

```
WINGDIAPI BOOL WINAPI MoveToEx(
  HDC hdc,
  int X,
  int Y,
  LPPOINT lpPoint
);
```

图 2-13　计算机屏幕中的像素与 Windows API 绘直线函数

Command:
建模软件在等待使用者输入操作命令

Command: STLOUT
建模软件确认：使用者键入了保存 STL 文件的操作命令

Select solids or watertight meshes:
建模软件在进一步提示：需要选择被转换的图形对象

Select solids or watertight meshes: 1 found
建模软件确认：使用者已经选择了一个图形对象

STLOUT　Create a binary STL file?
建模软件要求使用者指定 STL 文件的类型（是否是二进制格式）

图 3-2　AutoCAD 2018 软件生成 STL 文件时的人机交互过程

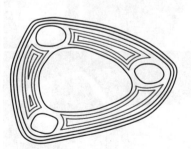

图 3-7　切片软件计算出的 3D 打印头移动轨迹

图 3-12　在切片软件中预览 3D 打印的过程

图 3-14　两种桌面型 3D 打印机

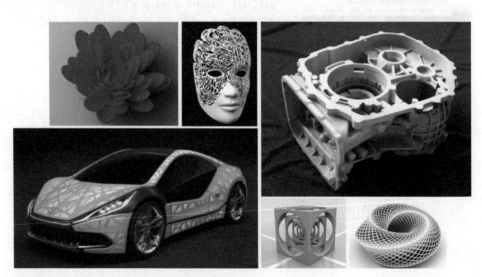

图 3-15　用 3D 打印机加工出的实物成品

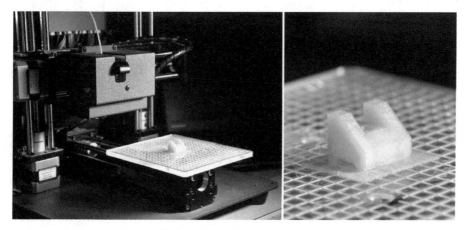

图 3-18　启动 3D 打印机制造实物样品的结果

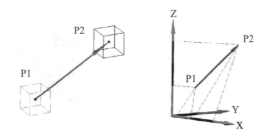

图 4-5　移动图形对象的位置

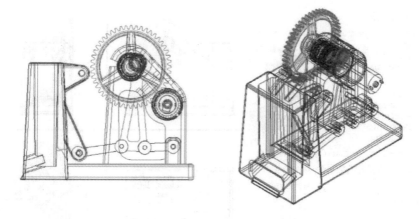

图 4-18　分别用主视图和轴测视图展示设计对象

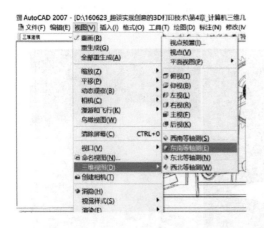
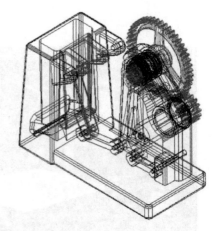

图 4-19　AutoCAD 2007 软件提供的三维视图功能

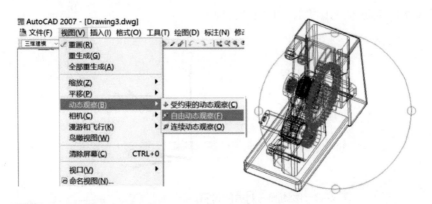

图 4-20　用动态浏览得到任意观察角度的视图

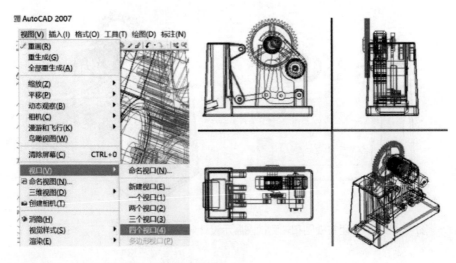

图 4-21　AutoCAD 软件的多视口显示方式

图 4-24　切换平行投影与透视状态

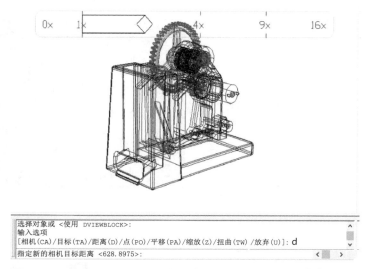

```
选择对象或 <使用 DVIEWBLOCK>:
输入选项
[相机(CA)/目标(TA)/距离(D)/点(PO)/平移(PA)/缩放(Z)/扭曲(TW)/放弃(U)]: d
指定新的相机目标距离 <628.8975>:
```

图 4-25　在 AutoCAD 2007 软件中用 DVIEW 命令进行调整透视程度

图 5-15　用 AutoCAD 软件生成的齿轮传动模型

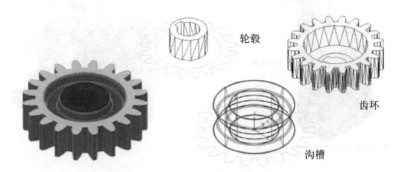

轮毂

齿环

沟槽

图 5-22　渐开线齿轮模型中的三个组成部分

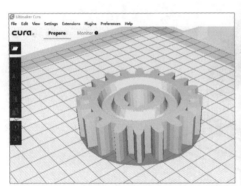

图 5-32　对 STL 文件进行切片处理和 3D 打印出的实物

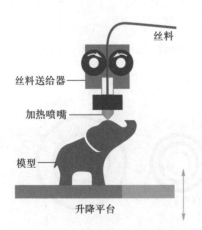

丝料

丝料送给器

加热喷嘴

模型

升降平台

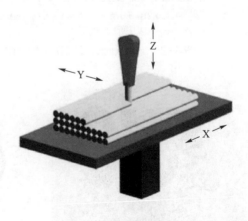

图 6-3　熔融沉积成型的示意图

图 6-4　熔融沉积成型法使用的原材料和 3D 打印头

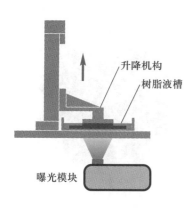

升降机构
树脂液槽
曝光模块

图 6-8　数字化光处理 3D 打印机

图 6-9　用数字化光处理 3D 打印机制作的成品

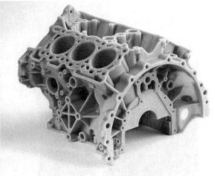

图 6-14 用聚合物喷射 3D 打印出的制成品

图 6-17 选择性激光烧结（SLS）3D 打印设备与金属制成品

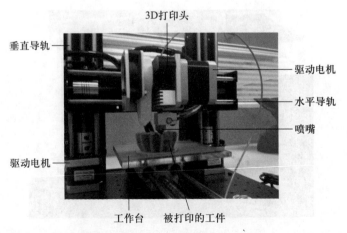

图 6-18 采用 FDM 工艺的 3D 打印机

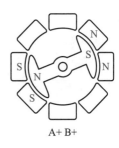

A+ B+

图 6-19　混合式步进电机的外形和内部构造

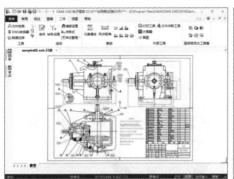
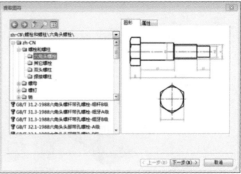

图 A1-1　CAXA 软件的界面和图形库

图 A1-2　SketchUp 软件的界面与生成的模型

图 A1-5　用 TinkerCAD 软件生成的模型

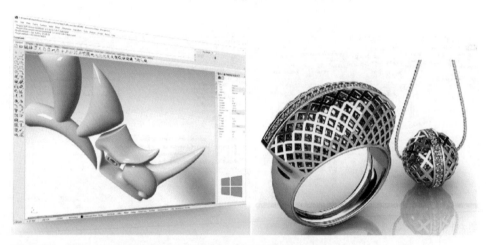

图 A1-6　Rhino 软件的用户界面和生成的装饰品模型

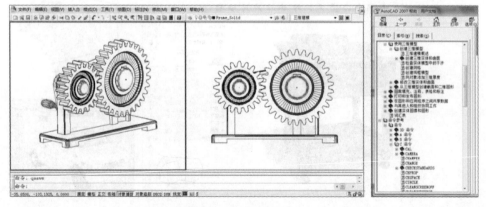

图 A1-8　AutoCAD 2007 软件的界面与帮助文档目录

图 A1-10　3DS MAX 软件生成的室内装潢效果图

图 A1-12　Maya 软件生成的光照场景与人体模型

图 A1-14　SolidWorks 软件生成的机械模型

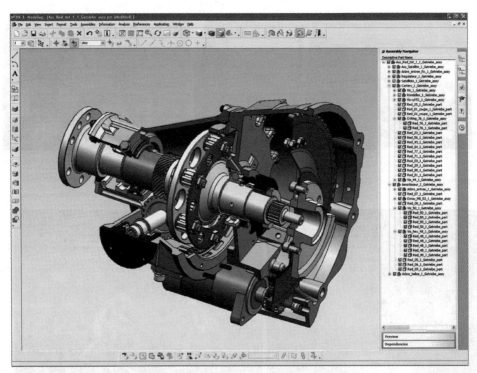

图 A1-17　UG NX 软件的用户界面

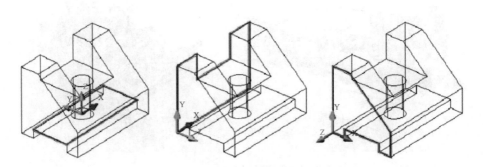

图 A2-3　AutoCAD 软件中处于不同方位的用户坐标系

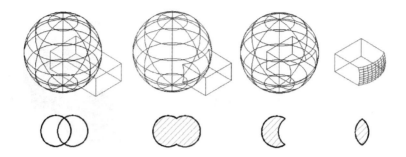

图 A3-20　两个实心体之间的相加、相减和相交操作

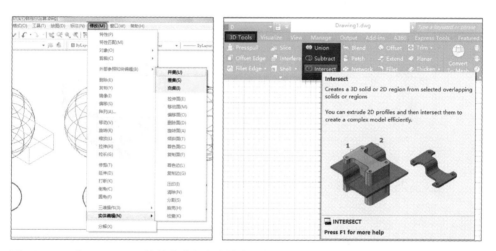

图 A3-21　在 AutoCAD 软件中进行实心体布尔操作

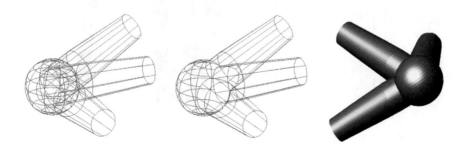

图 A3-22　在 AutoCAD 软件中进行实心体相加操作

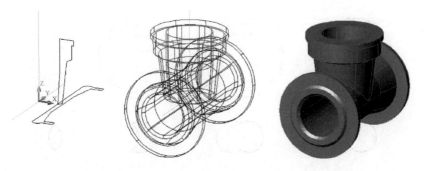

图 A3-23　用实心体相加操作生成阀门基座模型

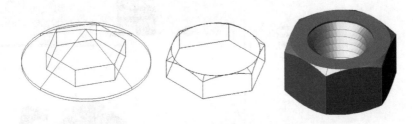

图 A3-25　用实心体布尔相交操作生成六角螺母模型

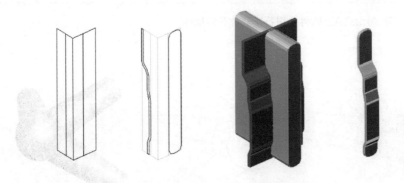

图 A3-26　用实心布尔相交操作生成薄板零件模型

图书在版编目（CIP）数据

趣谈创意实现的 3D 打印 / 李维，邹慧君著 . -- 北京 ：
高等教育出版社，2019.7
ISBN 978-7-04-051848-1

Ⅰ.①趣… Ⅱ.①李… ②邹… Ⅲ.①立体印刷 – 印
刷术 Ⅳ.① TS853

中国版本图书馆 CIP 数据核字（2019）第 081247 号

策划编辑	刘占伟	责任编辑	刘占伟	特约编辑	罗春平	封面设计	赵 阳
版式设计	杜微言	插图绘制	于 博	责任校对	李大鹏	责任印制	赵义民

出版发行	高等教育出版社	咨询电话	400-810-0598
社　　址	北京市西城区德外大街4号	网　　址	http://www.hep.edu.cn
邮政编码	100120		http://www.hep.com.cn
印　　刷	北京中科印刷有限公司	网上订购	http://www.hepmall.com.cn
开　　本	787mm×1092mm 1/16		http://www.hepmall.com
印　　张	20.5		http://www.hepmall.cn
字　　数	280千字	版　　次	2019 年 7 月第 1 版
插　　页	9	印　　次	2019 年 7 月第 1 次印刷
购书热线	010-58581118	定　　价	59.00 元